发电生产"1000个为什么"系列书

循环流化床锅炉技术
1000 问

主编

U0169503

中国电力出版社
CHINA ELECTRIC POWER PRESS

内 容 提 要

　　本书总结了循环流化床锅炉安装、检修和运行方面的经验,以问答的形式结合相关案例,分为六章,详细解答循环流化床运行和检修方面的问题。主要内容包括循环流化床锅炉基础知识与工作原理;循环流化床锅炉设备知识、循环流化床锅炉安装、循环流化床锅炉性能试验与运行、循环流化床锅炉检修与维护、循环流化床锅炉事故及分析处理。

　　本书可供循环流化床锅炉发电企业、安装检修企业的生产技术管理人员和技术工人,特种设备安全管理人员和检验人员阅读,也可作为高等院校相关专业人员的参考用书。

图书在版编目 (CIP) 数据

　　循环流化床锅炉技术 1000 问/孟祥泽,周宝欣主编 . —北京:中国电力出版社,2019.9
　　(发电生产"1000 个为什么"系列书)
　　ISBN 978-7-5198-3670-2

　　Ⅰ.①循…　Ⅱ.①孟…　②周…　Ⅲ.①循环流化床锅炉—问题解答
Ⅳ.①TK229.6-44

　　中国版本图书馆 CIP 数据核字(2019)第 195447 号

出版发行:中国电力出版社
地　　址:北京市东城区北京站西街 19 号 (邮政编码 100005)
网　　址:http://www.cepp.sgcc.com.cn
责任编辑:韩世韬　孙建英 (010-63412369)
责任校对:黄 蓓 李 楠
装帧设计:赵姗姗
责任印制:吴 迪

印　　刷:三河市百盛印装有限公司
版　　次:2020 年 4 月第一版
印　　次:2020 年 4 月北京第一次印刷
开　　本:880 毫米×1230 毫米 32 开本
印　　张:9.125
字　　数:219 千字
印　　数:0001—1500 册
定　　价:48.00 元

前　言

　　循环流化床锅炉技术是工业化程度极高的洁净煤燃烧技术。循环流化床锅炉采用流态化燃烧,主要结构包括燃烧室(包括密相区和稀相区)和循环回炉(包括高温气固分离器和返料系统)两大部分。循环流化床锅炉技术是国家积极发展的发电技术之一。为了提高循环流化床锅炉发电企业生产技术管理人员和从事循环流化床锅炉相关工作人员的业务水平,适应电力发展的需要,作者结合循环流化床锅炉的最新发展情况,结合循环流化床锅炉安装、检修和运行的实际情况编写了本书。本书共分为:循环流化床锅炉基础知识、循环流化床锅炉设备知识、循环流化床锅炉安装、循环流化床锅炉性能试验与运行、循环流化床锅炉检修与维护、循环流化床锅炉事故处理及分析六部分。

　　全书由孟祥泽、周宝欣担任主编,孙巨伟、王建新、王万兴、冉戈担任副主编,内容由孟祥泽、孙巨伟、刘超、王万兴、冉戈、于东立、刘明、孟令晋、陈丽杰、董文强、岳文奇、徐子越、房秀玲编写,孟祥泽、孙巨伟、刘超、王万兴、冉戈负责统稿。

　　本书在编写过程中得到了中国电建集团山东电力建设第一工程有限公司、山东电力工程咨询院有限公司、济南市质量技术监督局、华电莱州发电有限公司、河北省特种设备监督检验院、莱州珠江村镇银行股份有限公司、山东省寿光市纪台镇中心小学的大力支持,在此表示感谢。

　　限于理论和实践水平,对于书中存在的疏漏之处,望广大读者提出宝贵意见。

编　者

2019 年 7 月

目 录

14

18

21

第一章

循环流化床锅炉基础知识与工作原理

第一节　循环流化床锅炉基础知识

1. 何谓循环流化床锅炉？

答： 循环流化床锅炉是一种新型的燃用固体燃料的锅炉。离子团不断聚集、沉降、吹散、上升又聚集的物理衍变过程，使循环床中气体与固体离子间发生剧烈的热量和质量交换，形成炉内的循环。同时气流对固体颗粒的夹带作用很大，使大量未燃尽的燃料颗粒（包括部分未完全反应的固硫剂颗粒）随烟气一起离开炉膛，被烟气气流带出炉膛的大部分物料颗粒经过旋风分离器分离出来，再经过回料装置送回炉膛底部的床层内，以维持炉内床料总量不变的连续工作状态，加大可燃物燃烧深度和固硫剂的利用率，从而形成炉外的物料循环系统，这就是循环流化床。具有循环流化床的锅炉称循环流化床锅炉。

2. 循环流化床锅炉和煤粉锅炉的区别是什么？

答：（1）燃烧室外底部布风板是循环流化床锅炉特有的设备，其主要作用是使流化风均匀地吹入料层，并使床料流化。对布风板的要求是在保证布风均匀条件下，布风板压降越低越好。

（2）床料循环系统是循环流化床锅炉结构上的主要特征：由高温旋风分离器和飞灰回送装置组成，其作用是把飞灰中粒径较大、含碳量高的颗粒回收并重新送入炉内燃烧。

（3）循环流化床锅炉的入炉煤粒大。一般燃用粒径在10mm以下的煤即可，但要求燃料破碎系统稳定可靠。

（4）循环灰参数对锅炉运行的影响。锅炉负荷通过热量平衡和飞灰循环倍率两方面来调节。循环流化床锅炉运行时，其单位时间内的循环灰量可高达同单位时间内燃煤量的 20~40 倍。循环流化床锅炉燃烧室下部未燃带一般或根本不布置受热面，床层温度基本不随负荷变化，或在小范围内波动。

3. 流化床的燃烧原理是什么？

答：流化床分为鼓泡沸腾床和循环流化床两种，是近 40 年来发展起来的新型燃烧技术，目前已在燃煤锅炉上广泛应用。其燃烧原理如图 1-1 所示。

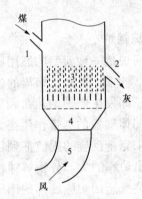

图 1-1　沸腾炉燃烧示意图
1—给煤管；2—溢灰口；3—沸腾区；4—布风板；5—风室

将煤块破碎至一定大小的颗粒（粒度小于 8~13mm），由给煤管送入炉膛。由高压风机产生的一次风通过布风板吹入炉膛。堆积在炉膛底部的煤粒因所受风力（风速）不同，可能出现三种状态：

层燃炉燃烧状态——当风力较弱，还不足以克服煤层重量时，煤粒基本处于静止状态在炉排上燃烧。

鼓泡沸腾床燃烧状态——当风力较大（风速约为 3m/s），能够将煤粒吹起，并在一定高度内漂浮跳跃，煤层阻力基本不变，煤层界面清晰；进入沸腾床的一次风有一部分以气泡形式穿过床层，其余则在煤粒间隙流过。

循环流化床燃烧状态——当风力增大（风速为 4.5~5.5m/s），

许多煤粒被气流挟带，煤层界面模糊，下部煤粒浓度大（称为密相区），上部煤粒浓度小（称为稀相区）；在稀相区出口处装设高效热分离器将被气流挟带的细煤粒捕集回收后重新送入密相区，从而形成煤粒在炉膛内循环多次燃烧。

4. 循环流化床的特点是什么？

答：（1）不再有鼓泡流化床那样清晰的界面，固体颗粒充满整个上升空间；

（2）有强烈的物料返混，颗粒团不断形成和解体，并且向各个方向运动；

（3）颗粒与气体之间的相对速度大，且与床层空隙率和颗粒循环流量有关；

（4）运行流化速度为鼓泡流化床的2~3倍；

（5）床层压降随流化速度和颗粒的质量流量而变化；

（6）颗粒横向混合良好；

（7）强烈的颗粒返混、颗粒的外部循环和良好的横向混合，使得整个上升段内温度分布均匀；

（8）通过改变上升段内的存料量，固体物料在床内的停留时间可在几分钟到数小时范围内调节；

（9）流化床气体的整体性状呈塞状流；

（10）流化气体根据需要可在反应器的不同高度加入。

5. 大型循环流化床锅炉有哪些流派？

答：现在大型循环流化床锅炉的主要炉型有三大流派，分别为：以德国鲁奇公司（Lurgi）为代表的鲁奇型和以美国的福斯特·惠勒有限公司（Foster Wheeler）、芬兰的奥斯龙（Alston）公司（两者兼并）为代表的福斯特·惠勒有限公司的百炉宝型（FW Pyroflow）型和德国拔柏葛（Babcock）公司的低倍率（Circofluid）型。我国东方锅炉厂采用的是福斯特·惠勒有限公司的百炉宝（Pyroflow）型的改进型循环流化床锅炉。北京巴威（BW）锅炉厂采用的是德国拔柏葛（Babcock）公司的架构和技术。哈尔滨锅炉厂有限责任公司（HBC）与美国PPC（奥斯龙技术）以及国内的科研单位合作也开发了自己的大型循环流化床锅炉。上海锅炉厂引进美国阿尔斯通（ALSTOM）技术、消化吸收自行设计制造了自己的循环流化床锅炉。由于国内各大锅炉厂商的参与，我国的大型循环流化床技术已趋于成熟。

6. 什么是流态化？

答：当固体颗粒中有流体通过时，随着流体速度逐渐增大，固体颗粒开始运动，且固体颗粒之间的摩擦力也越来越大，当流速达到一定值时，固体颗粒之间的摩擦力与它们的重力相等，每个颗粒可以自由运动，所有固体颗粒表现出类似流体状态的现象，这种现象称为流态化。

对于液固流态化的固体颗粒来说，颗粒均匀地分布于床层中，称为"散式"流态化。而对于气固流态化的固体颗粒来说，气体并不均匀地流过床层，固体颗粒分成群体作紊流运动，床层中的空隙率随位置和时间的不同而变化，这种流态化称为"聚式"流态化。循环流化床锅炉属于"聚式"流态化。

固体颗粒（床料）、流体（流化风）以及完成流态化过程的设备称为流化床。

7. 何谓临界流化速度？影响临界流化速度的因素有哪些？

答：对于由均匀粒度的颗粒组成的床层中，在固定床通过的气体流速很低时，随着风速的增加，床层压降成正比例增加，并且当风速达到一定值时，床层压降达到最大值，该值略大于床层静压，如果继续增加风速，固定床会突然解锁，床层压降降至床层的静压。如果床层是由宽筛分颗粒组成的，其特性为：在大颗粒尚未运动前，床内的小颗粒已经部分流化，床层从固定床转变为流化床的解锁现象并不明显，而往往会出现分层流化的现象。颗粒床层从静止状态转变为流态化所需的最低速度，称为临界流化速度。随着风速的进一步增大，床层压降几乎不变。循环流化床锅炉一般的流化风速是 2～3 倍的临界流化速度。

影响临界流化速度的因素有：

（1）料层厚度对临界流速影响不大。

（2）料层的当量平均料径增大则临界流速增加。

（3）固体颗粒密度增加时临界流速增加。

（3）流体的运动粘度增大时临界流速减小：如床温增高时，临界流速减小。床温与临界流速的关系如图 1-2 所示。

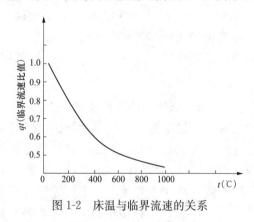

图 1-2　床温与临界流速的关系

第二节　循环流化床锅炉的工作原理

8. 何谓液态化过程？

答：流态化是固体颗粒在流体作用下表现出类似流体状态的一种状态，固体颗粒、流体以及完成化介质为气体，固体颗粒以及煤燃烧后的灰渣（床料）被流化，称为气固流态化。流化床锅炉与其他类型燃烧锅炉的根本区别在于燃料处于流态化运动状态，并在流态化过程中进行燃烧。

当气体通过颗粒床层时，该床层随着气流速度的变化会呈现不同的流动状态。随着气体流速的增加，固体颗粒呈现出固定床、起始流化态、鼓泡流化态、节涌、湍流流化态及气力输送等状态。

9. 宽筛分颗粒流态化时的流体动力特性有哪些？

答：（1）在任意高度的静压近似于在此高度以上单位床截面内固体颗粒的重量。

（2）无论床层如何倾斜，床表面总是保持水平，床层的形状也保持容器的形状。

（3）床内固体颗粒可以向流体一样从底部或者侧面的孔口中排出。

（4）密度高于床层表观密度（如果把颗粒间的空间体积也看作颗粒体积的一部分，这时单位体积的燃料质量就称为表观密度）的物体在床内会下沉，密度小的物体会浮在床面上。

（5）床内颗粒混合良好，因此当加热床层时，整个床层的温度基本均匀。

10. 请简介循环流化床锅炉的工作过程。

答：在燃煤循环流化床锅炉的燃烧系统中，燃料煤首先被加工成一定粒度范围内的宽筛分煤，然后由给料机经给煤口送入循环流化床密相区进行燃烧，其中许多细颗粒物料将进入稀相区继续燃烧，并有部分随烟气飞出炉膛。飞出炉膛的大部分细颗粒由固体物料分离器分离后经过返料器送回炉膛，再参与燃烧。燃烧过程中产生的大量高温烟气，流经过热器、再热器、省煤器、空气预热器等受热面，进入除尘器进行除尘，最后由引风机排至烟囱进入大气。循环流化床锅炉燃烧在整个炉膛内进行，而且炉膛内具有更高的颗粒浓度，高浓度的颗粒通过床层、炉膛、分离器和返料装置，再返回炉膛，进行多次循环颗粒在循环过程中燃烧和传热。

锅炉给水首先进入省煤器，然后进入汽包，后经过下降管进入水冷壁。燃料燃烧所产生的热量在炉膛内通过辐射和对流等换热形式由水冷壁吸收，用以加热给水生成汽水混合物。生成的汽水混合物进入汽包，在汽包内进行汽水分离。分离后的水进入下降管继续参与水循环，分离出的饱和蒸汽进入过热器继续加热变为过热蒸汽。

锅炉生成的过热蒸汽引入汽轮机做功，将热能转化为汽轮机的机械能。一般 125MW 以上机组锅炉将布置有再热器，这些机组中的汽轮机高压缸排气将进入锅炉再热器进行加热，再热后的蒸汽进入汽轮机、低压缸继续做功。

11. 请介绍循环流化床锅炉的基本构成。

答：循环流化床锅炉可分为两个部分。第一部分由炉膛、气固分离设备、固体物料在循环设备和外置换热器等组成，上述部件形成了一个固体物料循环回路。第二部分氛围尾部对流烟道，布置有过热器、再热器、省煤器和空气预热器等，与常规火炬燃烧锅炉相近。

（1）炉膛。炉膛的燃烧以二次风入口为界分为两个区。二次风入口以下为大粒子还原气氛燃烧区，二次分入口以上为小粒子氧化气氛燃烧区。

（2）分离器。循环流化床分离器是循环流化床燃烧系统的关键部分之一，它的形式决定了燃烧系统和锅炉整体布置形式和紧凑性。

（3）返料装置。返料装置是循环流化床锅炉的重要部件之一。它的正常运行对燃烧过程的可控性、锅炉负荷调节性起决定性作用。

（4）外置换热器。部分循环流化床锅炉采用外置换热器。外置换热器的作用是，分离下来的物料部分或全部通过它，并将其冷却到500℃左右，然后通过返料器送回床内再燃烧。外置换热器可布置省煤器、蒸发器、过热器、再热器等受热面。

12. 什么是鼓泡流化床？

答：鼓泡流化床：当气流速度达到一定值时，静止的床层开始松动，当气流速度超过临界流化风速时，料层内会出现气泡，并不断上升，而且还聚集成更大的气泡穿过料层并破裂。整个料层呈现沸腾状态。鼓泡流化床存在明显的分界面，其上部为稀相区，包括床层表面至流化床出口间的区域，也称为自由空间或悬浮段。下部为密相区，也称为沸腾段。

13. 什么是紊（湍）流流化床？

答：紊（湍）流流化床：随着气流速度继续上升到一定数值，固体颗粒开始流动，床层分界面逐渐消失，固体颗粒不断被带走，以颗粒团的形式上下运动，产生高度的返混。此时的气流速度为床料终端速度。

14. 什么是快速流化床?

答:快速流化床:当气流速度进一步增大,固体颗粒被气流均匀带出床层。此时气流速度大于固体颗粒的终端速度,床内颗粒浓度基本相等。床内颗粒浓度呈上稀下浓状态。循环流化床的上升段属于快速流化床。快速流态化的主要特征为床层压降用于悬浮和输送颗粒并使颗粒加速,单位高度床层压降沿床层高度不变。

15. 什么是气力输送?

答:气力输送分为密相气力输送和稀相气力输送。对于前者,床内颗粒浓度变稀,并呈上下均匀分布状态,其单位高度床层压降沿床层高度不变。增大气流速度,床层压降减小。对于后者,增大气流速度,床层压降上升。密相气力输送的典型特征为:床层压降用于输送颗粒并克服气、固与壁面的摩擦。稀相气力输送的床层压降主要受摩擦压降支配。

16. 在循环流化床中存在着哪些传热过程?

答:(1) 颗粒与气流之间的传热。

(2) 颗粒与颗粒之间的传热。

(3) 整个气固多相流与受热面之间的传热。

(4) 气固多相流与入床气流间的传热。

17. 循环流化床的脱硫与氮氧化物是如何进行排放控制的?

答:煤加热至 400℃时开始首先分解为 H_2S,然后逐渐氧化为 SO_2。其化学反方程式为:

$$FeS_2 + 2H_2 \longrightarrow 2H_2S + Fe$$
$$H_2S + O_2 \longrightarrow H_2 + SO_2$$

对 SO_2 形成影响最大的因素是床温和过量空气系数,床温升高、过量空气系数降低则 SO_2 越高。

循环流化床燃烧过程中最常用的脱硫剂就石灰石,当床温超过其煅烧温度时,发生煅烧分解反应:

$$CaCO_3 \longrightarrow CaO + CO_2$$

脱硫反应方程式为：

$$CaO + SO_2 + 1/2O_2 \longrightarrow CaSO_4$$

影响循环流化床脱硫效率的各种因素：

（1）Ca/S摩尔比的影响。Ca/S摩尔比是影响脱硫效率的首要因素，脱硫效率在Ca/S低于2.5时增加很快，而继续增大Ca/S比或脱硫剂量时，脱硫效率增加的较少。循环流化床运行时Ca/S摩尔比一般在1.5～2.5之间。

（2）床温的影响。床温的影响主要在于改变了脱硫剂的反应速度、固体产物分布及孔隙堵塞特性，从而影响脱硫率和脱硫剂利用率。床温在900℃左右达到最高的脱硫效率。

（3）粒度的影响。采用较小的脱硫剂粒度时，循环流化床脱硫效果较好。

（4）氧浓度的影响。脱硫与氧浓度关系不大，而提高过量空气系数时脱硫效率总是提高的。

（5）床内风速的影响。对一定的颗粒粒度，增加风速会使脱硫效率降低。

（6）循环倍率的影响。循环倍率越高，脱硫效率越高。

（7）SO_2在炉膛停留时间的影响。脱硫时间越长对效率越不利，应该保证SO_2在床内停留时间不少于2～4s。

（8）负荷变化的影响。当循环流化床负荷变化在相当大的范围内时，脱硫效率基本恒定或略有升降。

（9）其他因素的影响。

1）床压的影响：增加压力可以改善脱硫效率，并且能够提高硫酸盐化反应速度。

2）煤种的影响：灰分对脱硫效率并无不利影响。

（10）给料方式的影响。

石灰石与煤同点给入时脱硫效率最高。

虽然循环流化床的脱硫作用很强，但在床温达到850℃，即脱硫效率最高的温度时，NO_X的生成量却最大，对环境造成极大的破坏。所以一定要把床温控制在850～900℃之间，而且要采用较小的脱硫剂粒径。另外，实施分段燃烧也是非常好的措施。

18. 循环流化床锅炉与常规煤粉锅炉在结构与运行方面有哪些区别?

答:(1)燃烧室底部布风板,其主要作用是流化风均匀地流入料层,并使床料流化。对布风板的要求是:在保证布风均匀地条件下,布风板压降越低越好。

(2)床料循环系统:由高温旋风分离器和飞灰回送装置组成,其作用是把飞灰中粒径较大、含碳量高的颗粒回收重新送入炉内燃烧。

(3)入炉煤粒大。

(4)循环灰参数对锅炉运行的影响:循环流化床锅炉运行时,其单位时间内的循环灰量可高达同单位时间内燃煤量 20~40 倍。由于灰的热容大得多,因此循环灰对燃烧室下部的温度平衡有很大影响,循环流化床锅炉燃烧室下部一般卫燃带或根本不布置受热面,煤粒燃烧产生的热量则由烟气和循环灰共同带走。而在煤粉炉中,煤粉的燃烧产生的热量是由烟气和工质带走的。在煤粉炉中,蒸发受热面的出力主要取决于炉膛温度,而在循环流化床锅炉中,温度基本不随负荷变化,运行中烟气携带的飞灰颗粒量成为影响蒸发受热面的重要因素。因此,循环流化床锅炉可以从热量平衡和飞灰循环倍率两方面来调节锅炉负荷。

(5)控制系统要求高。由于循环流化床锅炉内流态化工况、燃烧过程较煤粉炉复杂,加之有飞灰循环,因此其控制系统较同等容量的煤粉炉要求高。

循环流化床锅炉设备知识

第一节 典型循环流化床锅炉

19. 目前国外从事循环流化床锅炉研制、开发和生产的厂商主要有哪些?

答: 主要有德国拔柏葛（LLB）公司、美国福斯特·惠勒（FW）公司、布拉什（BW）公司、燃烧工程公司（ABB－CE）公司、法国的斯坦因工业（Industrie stein）公司等。

20. 从结构特点上看,循环流化床锅炉可分为哪三大类型?

答: 从结构特点上看,循环流化床可分为三大类型（如图2-1所示）,即德国拔柏葛（LLB）公司的鲁奇（Lurgi）型、芬兰原奥斯龙阿尔斯通（Ahlstrom）的百炉宝 Pyroflow）型和德国拔柏葛（LLB）公司的低倍率（Circofluid）型。除此之外,很多其他厂家的循环流化床锅炉也各具特色,并在不断改进和完善。

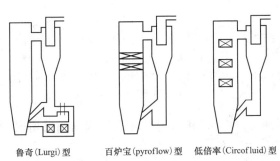

鲁奇(Lurgi)型　　百炉宝(pyroflow)型　　低倍率(Circofluid)型

图 2-1　三种典型类型的流化床锅炉

21. 芬兰福斯特·惠勒（FWEOY）公司百炉宝（Pyroflow）型循环流化床锅炉具有怎样的结构布置？

答：该公司的百炉宝（Pyroflow）型循环流化床锅炉的结构布置如图 2-2 所示。锅炉主要由炉膛、高温旋风分离器、回料阀、尾部对流烟道等组成；炉膛下部由下水冷壁延伸部分、钢板外壳及耐火处理涂砌的衬里组成；炉膛上部四周为膜式水冷壁，炉膛中部一般布置的是Ω形过热器或在炉膛上部布置翼墙过热器。

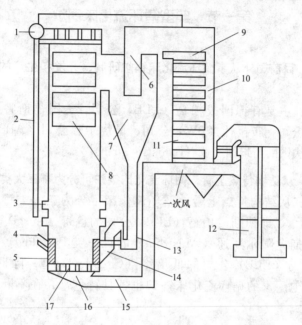

图 2-2　百炉宝（Pyroflow）型循环流化床锅炉结构布置图

1—汽包；2—下降管；3—二次风箱；4—煤粒和石灰石输入口；5—下部卫燃带；
6—旋流导向器；7—旋风分离器；8—二级过热器；9—三级过热器；10—一级
过热器；11—省煤器；12—空气预热器；13—料腿；14—料腿膨胀节；
15—启动燃烧器；16—风箱；17—水冷布风板

22. 百炉宝（Pyroflow）型循环流化床锅炉采用何种分离器？能在多少温度时工作？

答：百炉宝（Pyroflow）型循环流化床锅炉的分离器采用高温旋风分离器，壳体为不冷却的钢结构，内有一层耐火材料及一层隔热材料，里面的一层为耐高温耐磨材料，能在温度为900℃时可靠地工作。

23. 在循环流化床锅炉炉膛内的换热过程中，其传热是否比常规燃煤锅炉强得多？为什么流化床燃烧室内的传热系数高？

答：在循环流化床锅炉炉膛内的换热过程中，其传热要比常规燃煤锅炉强得多。流化床燃烧室内的传热系数之所以高，主要是由于烟气中大量与受热面接触的固体粒子对受热面的冲刷作用。

24. 百炉宝（Pyroflow）型循环流化床锅炉的炉内传热是如何进行的？

答：在百炉宝（Pyroflow）型循环流化床锅炉的炉内传热中，炉膛上部的传热以辐射换热为主，炉膛下部以流化物料的对流传热为主，炉膛高度的中部以对流和辐射换热为主，如图2-3所示。

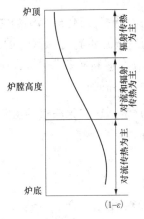

图 2-3 百炉宝（Pyroflow）型循环流化床锅炉沿炉膛高度
传热方式随（1−ε）的变化规律

25. 在百炉宝（Pyroflow）型循环流化床锅炉的炉内传热中，为什么炉膛上部的传热以辐射换热为主，炉膛下部以流化物料的对流传热为主，炉膛高度的中部以对流和辐射换热为主？

答：这是由于炉膛下部的物料浓度最大，沿炉膛高度越往上空隙率越大、颗粒浓度越小，而传热过程也由炉膛下部的固体对流传热过渡到炉膛上部的固体和气体的辐射传热，各部分的传热系数见表 2-1。

表 2-1　百炉宝（Pyroflow）型循环流化床锅炉炉膛内的传热系数

主导传热方式	传热系数
固体和气体辐射换热	57～141
辐射和固体对流换热	141～340
固体对流换热	340～454

26. 百炉宝（Pyroflow）型循环流化床锅炉的负荷调节方式是什么？

答：百炉宝（Pyroflow）型循环流化床锅炉的负荷调节方式是改变炉膛下部密相区固体物料的储存量和参与循环物料量的比例，也就是改变炉膛内各区域的固/气比，从而改变各区域内传热方式。

27. 鲁奇（Lurgi）型循环流化床锅炉的主要特征是什么？

答：鲁奇（Lurgi）型循环流化床锅炉的主要特征是设置有外置式流化床热交换器和在回料阀控制器（Loop seal）上布置锥形回灰控制阀（ACV，简称锥形阀）。

28. 鲁奇（Lurgi）型循环流化床锅炉由哪些部件组成？

答：鲁奇（Lurgi）型循环流化床锅炉主要由燃烧室、高温旋风分离器、回料装置、外置式换热器及尾部烟道组成。燃烧室上部布置有膜式水冷壁，下部由耐磨耐火砖砌筑而成，见图 2-4。

29. 布置外置式换热器的循环流化床锅炉有哪些优点？

答：外置式换热器的布置是鲁奇型循环流化床锅炉的一个重要特点，这一布置有以下优点：

（1）将循环流化床锅炉的燃烧与传热过程部分分离，把部分受热面布置在外置式换热器（EHE）中，使得锅炉受热面的布置有了更大的灵活性，解决了炉内受热面布置空间不足或虽可布置但磨损严重等问题，这对锅炉的大型化有重要意义。当锅炉容量增加并达到一定蒸发量时，在炉膛内布置较多的水冷壁和过热器，很难使炉膛燃烧维持在 850℃的最佳脱硫温度，而外置式换热器的

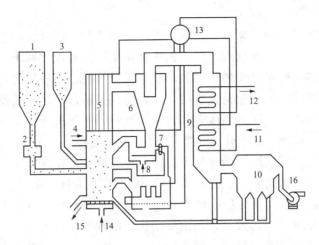

图 2-4 鲁奇（Lurgi）型循环流化床锅炉布置示意图

1—煤仓；2—破碎机；3—石灰石仓；4—二次风；5—炉膛；6—物料分离器；
7—热灰控制器；8—外置换热器；9—尾部烟道；10—除尘器；11—省煤器入口；
12—过热蒸汽出口；13—汽包；14——次风；15—排渣管；16—引风机

出现，顺利地解决了这一问题。

（2）外置式换热器可以分区布置，分别布置不同受热面，通过控制流过各区的热灰量来调节换热量。启动阶段可以使热灰不通过换热器来保护受热面，调节灵活。

（3）外置式换热器有利于提高循环流化床锅炉的燃料适应性。在运行中，当燃料改变时，可以通过调整外置式换热器的换热量来调整炉内各换热方式的比例。在燃用优质煤时，由于总的烟气量减少，因此离开炉膛和外置式换热器的烟气所携带的热量将减少，这时炉膛及外置式换热器中的吸热量应增加，以保持锅炉总吸热量不变。如果燃料品质下降时，则燃料产物的焓与燃料发热量之比将增加，此时就可以用减少外置式换热器中吸热量的办法来调整炉膛和尾部受热面吸热量的比例，以保证锅炉总吸热量的不变，同时保证炉膛内吸热量和床温基本不变。因此，在煤种变化时，利用外置式换热器的调节作用，可以在不改变炉膛温度和过量空气系数的条件下来维持锅炉总吸热量不变。对同一台炉，就可以在燃烧不同煤种时保持炉内工况稳定，这对锅炉燃用煤种多变的情况十分有利。

（4）常规流化床锅炉负荷增加，是在负荷降低时减少燃料量和风量，但此时炉膛内水冷壁的吸热量不可能按比例减下来，这就会降低炉膛温度使燃烧和脱硫反应工况恶化。在有外置式换热器的系统中，锅炉负荷减小时，可相应减少通过换热器的循环灰量，这将促使炉膛的温度升高，从而补偿了由于负荷减小导致炉膛温度的降低，使燃烧可继续在较好工况下运行。

由于外置式换热器有利于锅炉负荷的调节，鲁奇型循环流化床锅炉的负荷调节比可达 1：4，负荷调节速度为每分钟 2％～5％。

因此，鲁奇型循环流化床锅炉较有利于大型化，但其外置式换热器系统结构比较复杂，负荷变化速度较慢，热灰在系统中的分配及流向要有较高的控制系统和操作设备。为此，鲁奇型循环流化床锅炉采用了锥形阀回料控制装置，由于通过锥形阀使进入外置床的灰流量可控，从而使外置床具有了调节燃烧室温度和过热器与再热器温度的功能。这种调节功能在低负荷和变负荷工况时尤为突出。在 50％～100％负荷范围内，鲁奇型循环流化床锅炉通过锥形阀调节进入外置床中的灰量及一、二次风配比即可保持炉膛温度的稳定，保证锅炉稳定运行。这样，锅炉具有较高的燃烧效率并满足 NO、CO、SOx 的排放要求。同时，调节进入布置过热器和再热器的外置床中的灰流量，可保持过热器和再热器气温的稳定；通常再热汽温完全由外置床控制（不用或间或使用微量喷水减温）。

由于再热器和过热器回路与尾部烟道对流受热面分开布置，使气温调节特性得以改善。因此，鲁奇型循环流化床锅炉具有良好的稳定性、燃尽率、排放保证等低负荷运行性能和变负荷调节手段。

30. 福特斯·惠勒（FW）型循环流化床锅炉典型布置的主要特点有哪些？

答： 美国福斯特·惠勒公司具有再热系统的福特斯·惠勒（FW）型循环流化床锅炉，采用了副床的设计思想；在副床中可以布置各种受热面，既减少了燃烧室中屏式受热面，又易于控制燃烧室内的温度，适用于大容量锅炉机组。图 2-5 为福特斯·惠勒（FW）无外置换热器的循环流化床锅炉典型布置示意图，图 2-6 为福特斯·惠勒（FW）型再热循环流化床锅炉典型布置。从图中可以看出福特斯·惠勒（FW）型循环流化床锅炉典型布置的主要特点有：

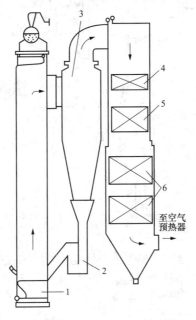

图 2-5 福特斯·惠勒（FW）无外置换热器的
循环流化床锅炉示意图
1—风室；2—返料阀；3—物料分离器；4—低温过热器；
5—高温过热器；6—省煤器

（1）带半分割墙的单炉膛。循环流化床锅炉高度及炉墙面积并不是随容量的增大而成比例的增加。炉膛高度一般根据燃料的燃烧特性、分离器高度以及受热面的布置等需要来确定；在受热面布置成为主要矛盾时，可采用增加炉膛高度或改变炉膛宽深比或采用外置换热器等办法解决。而炉膛高度的增加或宽深比的变化，会影响锅炉的造价、给煤点的布置以及二次风的穿透力。为解决这些矛盾，福特斯·惠勒（FW）型循环流化床锅炉采取了沿整个炉膛高度布置半分隔墙，在炉墙上部布置屏式受热面和整体式再循环交换器。

17

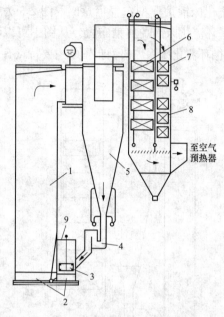

图 2-6　福特斯·惠勒（FW）带外置换热器的循环流化床锅炉示意图

1—燃烧室；2—风室；3—末级过热器；4—返料阀；5—汽冷物料分离器；
6—再热器；7—过热器；8—省煤器；9—外置换热器

（2）蒸汽冷却式旋风分离器。分离器是循环流化床锅炉的心脏部分，其性能及可靠性直接影响锅炉的出力、稳定及经济运行。为此，福特斯·惠勒（FW）公司推出了汽冷式旋风分离器。

（3）水冷式风箱和具有导向喷嘴的水冷布风板。为了缩短锅炉的启动时间，满足风道式点火燃烧区的启动条件，福特斯·惠勒（FW）型循环流化床锅炉的风箱和布风板采用水冷式，风帽采用了导向喷嘴结构。水冷式风箱和布风板有锅炉前后墙、两侧墙水冷壁管弯制而成，与整个炉膛水冷壁构成一体，导向喷嘴用螺栓紧固在布风板水冷管间的膜式壁鳍片上。

（4）气力式燃料给料系统是福特斯·惠勒（FW）型循环流化床锅炉技术专利之一。每套装置由一个炉前煤仓出口闸阀、一个带式给料机、一个气动隔离闸阀和一个空气吹扫式燃料分配器组成。该系统简单可靠，由于采用高速正压热播煤风机，解决了正压给煤的密封问题，有效地防止热烟气反窜，同时也可将煤均匀地播撒在炉内；带式给煤机出口为一垂式落煤管，由于此段装有膨胀节，从而解决了正压给煤的膨胀问题。

（5）选择性底灰冷却器。福特斯·惠勒（FW）型循环流化床锅炉一般不采用水冷螺旋式底灰冷却器，因为该底灰冷却器设备初期投资大，不能经济的回收排出的固体床料物理热损失，机械故障频繁，维护成本高。

选择性底灰冷却器为流化床非机械式风（水）冷渣器，采用耐火内衬厢式结构，由多个隔离的冷却室组成，各舱室间隔墙的下部有灰渣流通孔，各冷却仓冷却风独立控制。由炉膛排入冷灰器的高温灰渣逐一通过各冷舱室，物理显热被回收。吸收灰渣显热的冷却风作为燃烧空气的一部分送入炉内，冷却水可以是工业用水，也可以是锅炉给水。

（6）整体再循环热交换器。在再热循环流化床锅炉设计中，为将炉内温度控制在正常范围（850～900℃）内，主回路中就需要布置一定的过热或再热受热面。福特斯·惠勒（FW）型再热循环流化床锅炉在主回路中使用了本身的专利技术——整体再循环热交换器。整体再循环热交换器在结构设计上经验比较成熟，运行起来非常灵活可靠。

（7）平行双烟道。对于大容量再热循环流化床锅炉，福特斯·惠勒（FW）型循环流化床锅炉采用尾部平行双烟道布置，前烟道内布置再热器，后烟道布置过热器。在尾部烟道内，再热器的传热是以对流换热为主，从而避免了在启停工况下过高的辐射热流强度和管壁温度。

31. 带有蒸汽冷却膜式壁的旋风分离器有什么特点？

答： 图 2-7 所示为带有蒸汽冷却膜式壁的旋风分离器。旋风分离器由汽冷膜式壁构成，作为锅炉蒸汽回路的一部分与锅炉本体形成一体。在分离器内侧的膜式壁管子上焊有爪钉，上敷有较薄（约 50mm 厚）的一层防磨耐火材料。分离器的膜式壁系统可以分为四部分在制造厂家预制再运到现场组装，采用悬吊支撑结构，受热时和锅炉本体一起向下膨胀。

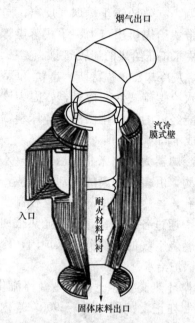

烟气出口

汽冷
膜式壁

耐火材料内衬

入口

固体床料出口

图 2-7　福特斯·惠勒（FW）循环流化床锅炉蒸汽
冷却旋风分离器结构图

这种汽冷旋风分离器的主要优点是：

（1）分离器的膜式壁系统是锅炉过热器的组成部分，在分离器里工质可以继续吸收热量，可以有效地防止在分离器中出现结焦现象；

（2）膜式壁一方面增加了受热面积，另一方面可大大减少分离器向外的散热损失，从而提高锅炉的效率；

（3）取消了连接炉膛出口和分离器入口烟道上的膨胀节，由于分离器和锅炉本体向一个方向膨胀，增加了锅炉整体运行的可靠性；

（4）与炉膛和尾部烟道一样采用全悬吊结构，与炉膛和尾部之间的膨胀较小，膨胀节数量减少，从而有利于整体布置，并降低了相关的维修费用；

（5）在分离器水冷壁上敷设的薄层耐磨耐火材料有很长的寿命。和厚度为 400mm 的由耐火材料砌成的分离器相比，受热负荷变化冲击造成的热应力较小，可以用更快的速度启动和停炉，冷态启动至满负荷仅需 4h~6h，并不会损坏分离器内的耐火材料；

（6）比同内径的非冷却型旋风分离器的耐火材料用量小、质量轻，外形尺寸小，因此布置简单，安装方便，维护工作量小；

（7）当冷却介质为水时，分离器与水冷壁相连接，和水冷壁一起膨胀，可省去膨胀节。

32. 水冷式风箱和具有导向喷嘴的水冷布风板有何优点？

答： 水冷式风箱和布风板由锅炉前后墙、两侧墙水冷壁管弯制而成，与整个炉膛水冷壁构成一体，导向喷嘴用螺栓紧固在布风板水冷管间的膜式壁鳍片上，该结构具有以下优点：

（1）导向喷嘴有助于粗颗粒床料向排渣口迁移，防止粗颗粒床料在床内过多存积，影响床料的流化质量，从而可减少锅炉排渣口的数量。

（2）导向排渣出口孔径较大（20mm 左右），从而不易堵塞，且喷嘴有一定的水平段及下倾角，可有效防止床料经喷嘴漏入风室。

（3）导向喷嘴采用螺纹连接结构，损坏后易于拆换。

（4）水冷风箱和炉膛水冷壁构成一体，整体膨胀，易于密封。

33. 选择性底灰冷却器有什么特点？

答： 选择性底灰冷却器的特点有：

（1）冷却效果好，能有效地将灰渣冷却到 200℃左右；

（2）对于全风冷型底灰冷却器，整个装置无机械转动部件，工作可靠；

（3）对于风—水冷型底灰冷却器，埋管受热面的磨损将影响冷却器工作的可靠性。

34. 整体再循环热交换器有哪些优点？

答： 整体再循环热交换器的优点有：

（1）炉膛温度易于控制调节；

（2）很低的流化速度（小于 0.3m/s 和很细的颗粒尺寸，小于

20mm 使受热面磨损的可能性降低);

(3) 整体再循环热交换器与炉膛整体式的设计,避免了使用高温膨胀节、机械式固体物料控制阀和高温输送管道以及大量的耐火材料,降低了维修成本。

(4) 床内埋管受热面具有很高的传热系数,受热面积减少。

(5) 过热蒸汽的温度调节范围较宽。

35. 德国拔柏葛公司的低倍率(Circofluid)型低倍率循环流化床锅炉有什么特点?

答:德国拔柏葛公司 Babcock Circofluid 型低倍率循环流化床锅炉由于流化风速及循环倍率的降低,使得炉墙和受热面的磨损程度大为减轻,可以在炉膛内布置全部过热器,不仅使钢耗降低、结构更加紧凑,而且锅炉整体能耗也会降低。图 2-8 是典型低倍率(Circofluid)型循环流化床锅炉系统图。

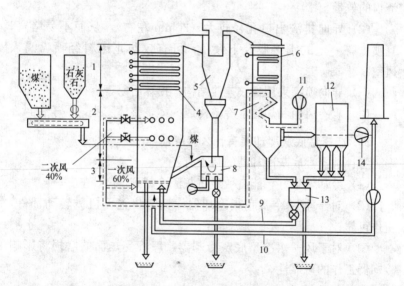

图 2-8 德国拔柏葛公司低倍率(Circofluid)型循环流化床锅炉系统图

1—对流受热面;2—悬浮段;3—鼓泡床段;4—屏式过热器;5—旋风分离器;6—省煤器;7—空气预热器;8—返料装置;9—除尘器灰再循环;10—烟气再循环;11—送风机;12—除尘器;13—引风机;14—除尘器来灰再循环系统

低倍率（Circofluid）型循环流化床锅炉采用的流化速度为 $3.5\sim5m/s$，它保留了鼓泡床的基本特点，即炉膛下部按鼓泡床运行（有床层表面）；上部为悬浮段，床内不设埋管受热面以防磨损，在悬浮段上面为塔式布置的对流受热面。为保证足够高的燃烧效率，必须使大部分细颗粒能在稀相区燃尽；为保证燃料在稀相区有足够的停留时间，采用了高大的稀相区设计。除了低流化速度、低循环倍率以外，该型循环流化床锅炉还有一个特点，就是采用工作温度为 $400℃$ 的中温分离器。这一设计改善了分离器的工作条件，减少了旋风分离器的尺寸，而且经过分离器返回炉膛的物料与床料温差很大，更便于控制床温。

在燃烧室的下部水冷壁上全部涂耐磨耐火床料，来保护水冷壁，同时也改善其表面的传热。从而控制该区的温度，确保燃烧效率。低倍率（Circofluid）型循环流化床锅炉在运行时采用 $10\sim20$ 的循环倍率，与鲁奇型锅炉等 $40\sim80$ 的循环倍率相比，属于低倍率循环床锅炉。

与其他形式的循环流化床锅炉一样，低倍率（Circofluid）型循环流化床锅炉也采用分级燃烧的方法控制 NOx 的生成。一次风由炉底送入，占总风量的 $55\%\sim60\%$，二次风由悬浮段不同高度处送入。Circofluid 型锅炉的负荷与床温的调节，除了常规的改变风、煤比例外，还采用了加入冷灰再循环与烟气再循环的调节办法。

由于其分离器的工作温度是 $400℃$，因而与鲁奇型锅炉相比，它的分离器体积相对于炉膛要小得多。也正是因为分离器的工作温度较低，致使整个循环系统不是都处于最佳的燃烧和脱硫工况，因而可能会影响其燃烧效率和燃烧效果。

36. 东方锅炉厂 300MW 级循环流化床锅炉整体布置特点是什么？

答： 锅炉整体布置特点是：

（1）亚临界参数变压自然循环锅炉，一次中间再热，M 型布置，总体上分为主回路、尾部、空气预热器三部分；

（2）单炉膛，两侧进风；

(3) 炉内布置水冷屏和屏式过热器、屏式再热器；

(4) 前墙给煤；

(5) 床上、床下联合点火；

(6) 后墙排渣，采用滚筒炉渣器；

(7) 三台汽冷分离器；

(8) 尾部双烟道挡板调温；

(9) 卧式光管空气预热器。

37. 需要防磨的受热表面主要有哪些？

答：(1) 水冷布风板；

(2) 炉膛下部密相区四周水冷壁内表面；

(3) 炉膛出口四周水冷壁内表面。

38. 需要防磨的非受热表面主要有哪些？

答：(1) 旋风分离器中心筒；

(2) 分离器出口烟道内表面；

(3) 立管及回料装置内表面。

39. 东方公司自主开发型 600MW 超临界循环流化床锅炉整体布置特点是什么？

答：(1) 超临界参数变压直流锅炉，一次中间再热，H 型布置，总体上分为主回路、尾部、空气预热器三部分。

(2) 分体炉膛，单面曝光中隔墙，等压风室。

(3) 回料器给料。

(4) 床上、床下联合点火。

(5) 两侧墙排渣，采用滚筒冷渣器。

(6) 六台分离器，并对应六台外置式换热器。

(7) 尾部单烟道。

(8) 两台四分仓回转式空气预热器。

40. 东方公司自主开发型 600MW 超临界循环流化床锅炉汽水系统包括哪些部件？

答：分离器入口烟道、分离器、分离器出口烟道、后竖井包墙入口烟道和后竖井包墙、吊挂管、低温过热器、一级减温器、中温过热器Ⅰ、二级减温器、中温过热器Ⅱ、三级减温器、高温过热器。过热器采用煤水比和三级喷水减温调节气温。低温再热器、事故减温器、高温再热器。再热器采用外置式换热器灰量控制作为调节手段，喷水作为事故手段。

图 2-9 为 600MW 超临界压力循环流化床锅炉系统图。

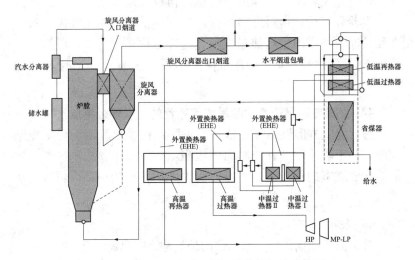

图 2-9　600MW 超临界循环流化床锅炉系统图

第二节　循环流化床锅炉设备知识

41. 循环流化床锅炉燃烧设备主要由哪些部件组成？

答：主要由燃烧室、点火装置、一次风室、布风板和风帽、给煤机等组成。

42. 燃烧室的结构形式有哪几种？

答：目前循环流化床锅炉燃烧室的结构主要有以下几种：

（1）圆形炉膛；

（2）方形炉膛，又分为正方形和长方形两种；

（3）下圆上方形炉膛。

43. 圆形炉膛或下圆上方形结构的炉膛是如何布置的？有什么特点？

答：圆形炉膛或下圆上方形结构的炉膛，圆形部分一般不设水冷壁受热面，完全由耐火砖砌成，内衬耐热且防止炉内或密相区内水冷壁受热面的磨损。

燃料进入炉内燃烧放出的热量被物料和烟气带出炉膛，经高温分离器分离后，物料返回炉内，带有少量飞灰的烟气进入布置有受热面的烟道内进行热量交换。这种结构在运行中，因为炉内为正压，高温物料和烟气常常向外泄漏，影响安全运行和环境卫生。

44. 立式方形燃烧室炉膛是如何布置的？有什么特点？

答：立式方形燃烧室是常见的炉膛结构，炉膛四周由水冷壁围成。为了防止烟气和物料向外泄漏，一般采用膜式水冷壁。方形结构燃烧室的优点是密封好，锅炉体积相对较小，锅炉启动速度快。这种结构的缺点是水冷壁磨损较大。

45. 布风板有什么作用？

答：流化床锅炉燃烧室下部的炉箅称为布风板。其作用是：

（1）支承静止的炉内物料。

（2）给通过布风板的气流以一定的阻力，使在布风板上具有均匀的气流速度分布，合理分配一次风，使通过布风板及风帽的一次风流化物料达到良好的流化状态。

（3）以布风板对气流的一定阻力，维持流化床层的稳定。

46. 布风装置主要形式有哪几种？其结构由哪些部件组成？

答：目前，循环流化床锅炉采用的布风装置主要有风帽式和密孔板式。风帽式布风装置是由风室、花板、风帽和隔热层组成，通常把花板合风帽合称为布风板。图 2-10 为风帽式布风装置示意图。

密孔板式布风装置是由风室和密孔板构成的。

47. 简述布风装置的设计要求。

答：能均匀、密集地分配气流，避免在布风板上面形成停滞

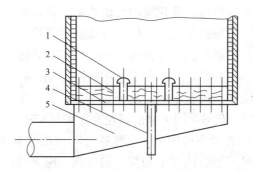

图 2-10 风帽式布风装置示意图

1—风帽；2—浇筑料；3—花板；4—排渣管；5—风室

区；能使布风板上的床料与空气产生强烈的扰动和混合，要求风帽小孔出口气流具有较大的动能。空气通过布风板的阻力损失不能太大，但又需要一定的阻力。具有足够的强度和刚度，能支承本身和床料的重量压火时防止风板受热变形，风帽不烧损，并考虑到检修清理方便。

48. 风帽小孔风速是如何确定的？

答：风帽小孔风速是布风装置设计的一个重要参数。小孔风速越大，气流对床层底部颗粒的冲击力越大，扰动就越强烈，从而有利于粗颗粒的流化，热交换就越好，冷渣含碳量就可以降低，且在低负荷时仍可稳定运行，负荷调节范围越大。但是风帽小孔风速过大，风帽阻力增加，所需风机压头增大，尤其当负荷降低时，往往不能维持稳定运行，造成结焦灭火。因此，风帽小孔风速的选择，应根据燃煤特性、颗粒筛分特性、负荷调节范围和风机电耗等全面综合考虑。根据经验，对于粒度为 0～10mm 的煤炭，一般取小孔风速为 35～40m/s；而对于粒度为 0～8mm 的煤炭，一般取小孔风速为 30～35m/s；对于密度大的煤种取高限，密度小的煤种取低限。

49. 布风板为什么需要一定的压降？

答：为了给良好的流化工况一个初始条件，布风板上的气流速度分布应该在各处都是均匀的。这就要求布风板给以一定的阻力，使通过布风板进入流化层的气流能够重新取得均匀分布。布风板下的气流分布越不均匀，使气流重新取得均匀分布的阻力也就要求越大；同样，这个阻力越大，气流在布风板上的速度分布也就越均匀。一个均匀稳定的流化床要求布风板具有一定的压降，一方面使气流在布风板下的速度分布均匀，另一方面可以抑制由于气泡和床层起伏等原因引起的颗粒分布和气流速度分布不均匀。如果布风板只有很小的阻力，气流通过布风板只有很小的压降，气流就会大量地通过床层上局部颗粒较疏、阻力较小的截面，而一旦出现这种情况，在这个颗粒较疏的局部截面上的颗粒，就会由于气流的大量通过而更加变疏，最后是这个局部床层的"吹空"与其他局部床层的"压死"。反之，如果布风板具有一定的阻力，一旦在这个颗粒较疏的局部截面上由于床层压降的减少而气流速度稍有增大的同时，这个局部截面上布风板压降的增大就会弥补床层压降的减少，抑制气流的进一步增大和颗粒的进一步变疏，防止恶性循环的不稳定性的产生。

布风板压降的大小与布风板上风帽开孔率的平方成反比。但是布风板的压降给风机造成压头的损失和电耗，因此，布风板设计中要考虑持续均匀稳定的床层需要的最小的布风板压降。根据运行经验，布风板阻力为整个床层阻力（布风板阻力加料层阻力）的 25%～30%才可以维持床层的稳定运行。

50. 大直径钟罩式风帽的特点是什么？

答：大直径钟罩式风帽特点是：

(1) 设计合适阻力，布风均匀，调节性能好，运行稳定；

(2) 外冒小孔风速低，降低了风帽间的磨损；

(3) 外冒与内管螺纹连接，便于维修；

(4) 运行时风帽不易堵塞，不易损坏；

(5) 使用寿命长，不易损坏。

51. 气固分离器的主要作用是什么？

答：循环流化床锅炉的高温气固分离装置是锅炉的关键部件之一，其主要作用是将大量高温固体物料从气流中分离出来，送回炉膛，以维持炉膛的快速流态化运行。保证燃料和脱硫剂多次循环，为焦炭颗粒和脱硫剂的停留时间的延长提供了条件。

52. 循环流化床锅炉的气固分离器有哪些要求？

答：循环流化床锅炉的气固分离器必须满足以下要求：能够在高温下运行；能够满足极高浓度载粒气流的分离，进入分离装置的固体颗粒含量可达 $5\sim50kg/m^3$；具有低阻特性，因为分离器的阻力增大势必增大风机的压头，增加能耗；具有较高分离器效率，循环倍率在很大程度上是靠分离器的效率来保证的，较高的效率不仅仅对于大颗粒来说，而且也指细颗粒的煤粒或脱硫剂；能与锅炉整体设计相适应，使得锅炉结构紧凑。

53. 分离器效率低对循环流化床锅炉运行的影响有哪些？

答：分离器是循环流化床锅炉分离循环物料的重要设备，其作用是利用离心力原理将颗粒从烟气中分离捕集出来，经回送装置和回料管完成物料的循环过程。假如分离器效率偏低，颗粒将不能从烟气中有效的分离出来，这会使大量颗粒不经循环而一次通过炉膛，由此带来：

（1）未燃尽的颗粒得不到有效燃烧影响锅炉的运行经济性；

（2）飞灰量增大加剧尾部受热面的磨损，增加除灰设备的能耗；

（3）进入循环回路的循环灰量减少，循环量下降，不能有效控制床温，影响锅炉的满负荷运行及炉膛传热特性。

54. 循环流化床锅炉分离器的种类有哪些？

答：目前循环流化床锅炉使用的分离器有旋风分离器和惯性分离器。旋风分离器效率较高，体积大，而惯性分离器效率较低，但结构简单，使锅炉结构紧凑，启动快、维修方便、运行费用低。按使用条件不同，分离器又分为三类：高温分离器（800℃左右）、中温分离器（400～600℃）和低温分离器（200～300℃）。按布置形式分为内循环分离器、夹道循环分离器和炉外循环分离器。从发展情况看，循环流化床锅炉分离器种类很多，新的形式不断出现，高温绝热旋风分离器和水冷、气冷旋风分离器使用较为广泛。

55. 简述高温绝热旋风分离器的结构特点。

答：高温绝热旋风分离器一般由进气管、筒体、中心筒、排气管、圆锥体等几部分组成。通过一段短烟道与炉膛连接。根据锅炉结构差异及分离器数量的多少，有的布置在炉后，有的布置在炉前或两侧，布置在炉后的较多。除中心筒外，所有组件均由钢板卷制而成，内部敷设较厚的绝热层和防磨层。进气管常采用切向进口，有普通切向进口和蜗壳式切向进口，排气管采用上排气形式。

这种分离器虽然具有相当好的分离性能，但是也存在一些问题：旋风分离器体积庞大，造价高；旋风筒内衬大量的耐火材料，砌筑要求高、用量大、维护费用高；热惯性大，启动时间长，运行中易出现故障；密封和膨胀系统较为复杂；在燃用挥发分较低或活性较差的强后燃性煤种时，旋风筒内的燃烧导致分离后的物料温度上升，引起旋风筒或料腿及返料装置内部超温结焦。

56. 简述水冷、气冷分离器的结构特点。

答：水冷、气冷分离器由水冷或气冷管弯制、焊接而成，取消了绝热旋风筒的高温绝热层，受热面管子内侧焊接销钉敷设一层较薄的高温耐磨浇筑料。

水冷、气冷旋风筒吸收部分热量，分离器内部物料温度不会上升，甚至略有下降，较好地解决了高温绝热分离器内部超温和结焦的问题。同时这一类型分离器节省了大量的保温和耐火材料，减少了散热损失。由于保温厚度的大大减少，锅炉启停过程中床料的温升速率不再取决于耐火材料，而主要取决于水循环的安全性，使得启停时间大大缩短。但是，该分离器容易造成飞灰可燃物升高，存在制造工艺复杂等问题。

57. 影响分离器性能的因素有哪些？

答：影响分离器的分离效率和压力损失的因素很多，主要有：

（1）烟气切向入口风速影响。分离器进口风速越高，分离效率也高，阻力也越大。但当流速过高，超过一个特定值时，气流湍流速度增加以及颗粒反弹加剧，二次夹带严重，使效率降低。

风速过高，粉尘微粒与分离器内部摩擦加剧，使得粗颗粒粉碎、细粉含量增加，同时加剧分离器磨损，运行寿命降低。一般进口风速为 15～25m/s。

（2）烟气温度的影响这是一个比较重要的问题，气体温度升高，则黏度增加使得颗粒很难从气体中分离出来，因而分离器效率随着黏度的增加而降低。气体密度对分离器效率也有影响，通常烟气密度与颗粒密度相比，前者影响甚小。

（3）颗粒浓度的影响。颗粒浓度对旋风分离器阻力的影响很复杂，是多种因素综合作用的结果，即存在一临界浓度值。低于该值时，随着浓度的增加，分离器效率增加，高于该值后，分离器效率随浓度的增加而降低。临界浓度的数值与分离器的结构形式、尺寸以及运行条件有关。

（4）颗粒粒度和密度的影响。颗粒的粒度分布是影响分离器效率的最重要因素之一。对于旋风和惯性分离器，颗粒所受到的分离作用与阻力之比随着颗粒粒度的增加而增大，因此，大颗粒比小颗粒更容易从气流中分离。随着颗粒密度的增加，分离效率提高。当粒度较小时，密度的变化对分离效率的影响大，而当颗粒较大时，密度的变化对分离效率的影响变小。

（5）结构参数的影响。分离器进口宽度和进口形式、中心管插入长度和直径、筒体直径等对分离器性能影响很大。

58. 循环流化床锅炉旋风分离器锥体结焦的原因及预防措施有哪些?

答: 飞灰中含碳量大或分离器内温度高且氧量充足，使飞灰中的可燃物在分离器内燃烧，温度超过高而结焦。

预防措施：料层温度允许范围内减少一次风量，增加二次风量。温度使燃烧更充分。降低飞灰含碳量。还应尽量消除分离器本体漏风，防止分离器内氧量过高。

还应注意预防分离器与烟道连接之间的不锈钢通道因高温软化在通体内外压力下变形。

另外飞灰较大的原因较复杂，可通过调整试验改善。

59. 返料装置的作用是什么？

答： 返料装置的作用是将分离器收集下来的物料送回流化床循环燃烧，并保证流化床内的高温烟气不经过返料装置短路流入分离器。返料器既是一个物料回送器，也是一个锁气器。如果这两个作用均失常，物料的循环燃烧过程建立不起来，锅炉的燃烧效率将大为降低，燃烧室内的燃烧工况变差，锅炉达不到设计蒸发量。

60. 外置换热器的作用是什么？

答： 外置换热器的作用是使分离下来的物料部分或全部通过它，并将其冷却到 500℃ 左右，然后通过返料器送至炉内再燃。外置换热器不是循环流化床锅炉的必备部分，其本身的功能是一个换热器。

61. 高温飞灰分离机构的主要作用是什么？

答： 高温飞灰分离装置的主要作用是将高温固体物料从气流中分离出来，送回燃烧室，以维持燃烧室的快速流态化状态，保证燃料和脱硫剂多次循环、反复燃烧和反应。这样，才有可能达到理想的燃烧效率和脱硫效率。所以，循环流化床分离机构的性能，将直接影响整个循环流化床锅炉的总体设计、系统布置和运行性能。

62. 高温飞灰分离机构必须满足哪些要求？

答： 高温飞灰分离机构必须满足的要求是：

（1）能够在高温情况下正常工作。

（2）能够满足提高浓度载粒气流分离，因进入分离装置的固体颗粒含量可达 $5 \sim 50 \text{kg/m}^3$。

（3）具有低阻的特性，因分离装置的阻力增大势必增大风机的压头，增加能耗。

（4）具有较高的分离效率，实际上循环倍率在很大程度上是靠分离器的效率来保证的，这里较高的效率不完全是对于大颗粒，而且也指小颗粒活脱硫剂。因为稳定运行后床内参与循环运动的固体颗粒可能会较粗、较重，分离器仅分离这一部分颗粒也能达到很高的分离效率。

（5）能与锅炉设计的流程相适应，使锅炉结构紧凑，易于布置。

63. 固体返料装置应当满足的基本要求有哪些？

答：固体返料装置应当满足的基本要求有：

（1）物料流动稳定。循环物料温度较高，返料装置内部充气，必须保证物料在返料装置中流动通顺，不结焦。

（2）气体不反窜。分离器内部的压力低于燃烧室的压力，返料装置将物料从低压区进到高压区，必须有足够的压力克服负压差，既起到气体密封的作用，而又能够将固体颗粒送回床层。对于旋风分离器，如果气体从返料装置反窜进入，将大大降低分离器分离效率。

（3）物料流量可控。循环流化床锅炉的负荷调节在很大程度上依赖循环物料的变化，要求返料装置能够稳定地开启或关闭固体颗粒的循环，同时能够调节或自动平衡固体物料流量，从而适应锅炉运行工况变化的要求。

64. 简述返料装置的组成和主要作用。

答：返料装置一般由立管（料腿）和回料阀组成。立管的主要作用是防止气体反窜，形成足够的压差来克服分离器与炉膛之间的负压差，给返料一定的动力而回料阀则起到调节和开闭固体颗粒流动的作用，在各种类型的返料装置中，立管的差别不是很大，主要的差别在回料阀部分。

65. 返料装置回料阀有哪几种？

答：返料装置中的回料阀有机械式和非机械式。机械式回料阀靠机械构件动作来达到控制和调节固体颗粒流量的目的，如球阀、蝶阀等。但因循环物料温度较高，回料阀需在高温下工作，阀内流过的又是固体颗粒，机械装置在高温状态下会产生膨胀，加上固体颗粒的卡塞和固体颗粒对阀的严重磨损，所以循环流化床锅炉中很少使用机械阀。

非机械式回阀采用气动推动固体颗粒运动，不需要任何机械转动部件。该阀结构简单、操作灵活、运行可靠，广泛应用在循环流化床锅炉上。非机械式回料阀根据其功能分为三大类，即第一类为可控式非机械阀，主要形式包括 L 阀、V 阀、换向密封阀、J 阀、H 阀等，这种阀不但可以将颗粒输送到床层，可以开启和关闭固体颗粒流动，而且可以控制和调节固体颗粒的流量。

第二类为通流型非机械阀，主要形式包括流动密封阀、密封输送阀、N 阀等。这种阀通过阀和立管自身的压力平衡自动地平衡固体颗粒的流量，对固体颗粒流量的调节作用很小，但是该类回料阀的密封和稳定性很好，可以有效地防止气体反窜。除上述两种形式外，外置式换热器由于兼有返料阀和换热器的功能，可以看成第三类返料装置。

66. 自平衡双路回料阀具有什么特点？

答： 自平衡双路回料阀具有以下特点：

(1) 自平衡回灰，无须运行控制；

(2) 供风简单，系统简化；

(3) 种罩式风帽，具有易维修、低磨损等优点；

(4) 结果简单，运行可靠。

67. 油枪点火装置是如何构成的？

答： 点火装置，即点火油枪，与常规煤粉锅炉差不多，所不同的是煤粉启动时仅加热炉内空气，而循环流化床锅炉不仅加热炉内空气，更主要的是加热炉内床料，并且床料是被一次风流化中加热的，因此点火装置比煤粉炉点火装置操作要复杂。一般的点火装置主要由雾化油枪（一般有简单压力式雾化油枪、蒸汽雾化油枪、空气雾化油枪）、高能点火器、进退装置、火焰监测器、看火孔、密封风等组成。

油枪为固定式，高能点火器将油枪点火后，由伸缩机构带动，向炉外退出。启动时，油枪和点火器均通以密封风。油枪都按照火焰监测器，用来监视油枪的着火情况，此外，油枪后部都有看火孔用来直接观察火焰着火情况。另外，油枪后部均有密封风，在锅炉运行及油枪抽出要检修时，需要通入该密封风以防止油枪头堵塞（床上油枪）、磨损（床上油枪）及炉内热烟气反窜出来。

68. 简述床下热烟气发生器点火装置的工作原理与特点。

答： 利用热烟气作为流化介质加热床料点燃流化床是一种比较先进的点火启动方法，具有热利用率高、操作简便、易于实现自动控制等优点。

床下烟气发生器点火燃料主要是燃料油和天然气或煤气。在一个特制的装置（通常称为烟气发生器或床下启动燃烧器）内点燃，由一次风送氧助燃转化为 650℃ 左右的热烟气，热烟气通过布风板和风帽，一方面将床料流化，另一方面加热床料，这样床料加热和流化同时进行，使操作简单。由于烟气从下部进入床料并穿过全部料层，加热均匀、快速，减少了热损失。但是由于点火装置比较庞大，烟气温度高，对烟气发生器内部套筒和布风板风帽材质要求较高，所以设备投资比较大。

69. 循环流化床锅炉如何实现水位自动控制？

答： 循环流化床锅炉的汽水系统与常规煤粉炉差异不大，在水位控制方面也基本相同。给水的自动控制是由汽包水位、蒸汽流量和给水流量三冲量的控制进行的。其中汽包水位作用为主信号。通过调节给水泵转速或给水调节门的开度，调节给水流量，维持汽包水位在正常范围内。当水位超过规定范围时，有高低水位的声光报警信号发出。当出现水位高Ⅰ值时，紧急放水门（事故放水门）自动打开，将汽包水位放至零水位。当出现水位高Ⅱ值或低Ⅱ值时，引发锅炉主燃料跳闸水位保护动作，紧急停炉以保护锅炉设备的安全。蒸汽流量作为前馈信号，可用于抑制给水自发性扰动的给水流量信号，来维持锅炉负荷变动时的物质平衡，这有利于克服虚假水位现象。给水流量作为反馈信号，当发生给水自发性扰动时，可抑制这种扰动对给水流量以及汽包水位的影响，这有利于减少汽包水位的波动。

汽包水位自动控制分为单冲量和三冲量控制方式，单冲调节器可以在手动或自动状态下运行。三冲量可以在手动、自动、串级状态下运行。单冲量在锅炉启动时控制汽包水位，三冲量用于锅炉负荷大于 30％时控制汽包水位。

70. 循环流化床锅炉如何实现气温自动控制？

答： 影响过热蒸汽和再热蒸汽温度的因素很多，例如，蒸汽流量、炉膛热负荷、烟气温度、烟气所含物料的浓度、烟气的流速、过热蒸汽侧与再热蒸汽侧的烟气分配、减温水量等都会影响过热（再热）气温的变化。

在汽温调节中，可采用改变烟气侧或减温水侧工况的方法。一般采用烟气侧作为粗调而减温水侧作为细调的方法。

循环流化床锅炉的气温调节和常规的煤粉锅炉的气温调节基本相同。通常取调速级前气温变化作为前馈，通过修正后和设定值进行比较，根据它们之间的差值进行调控。

如果锅炉的气温调节中有烟气挡板，还应加入烟气挡板的调节控制逻辑。其中再热蒸汽温度的调节与过热蒸汽温度的调节控制逻辑基本相同。

71. 循环流化床锅炉如何实现床压自动控制？

答： 床压是燃烧室内密相区床料厚度的具体表现，料层过厚时，床料的流化状态就会变差或不能流化，影响炉内的燃烧工况，严重时会造成燃烧室内局部结焦。为保证床料的正常流化，在床料层过厚时需加大流化风量，从而增大了辅机的电耗；料层过薄时，会对布风板上的设备如风帽、床温测点等磨损加大或使其过热损坏；特别是在料层很薄时，炉内的传热会恶化，不能维持正常的负荷需求，因此床料厚度的变化直接影响到锅炉的安全及经济运行。

料层厚度与床压具有一定对应关系，因此通过一次风室与稀相区的压力差及一次风量可以计算出料层厚度，而料层厚度的调节可以通过调节床压来实现。床压在炉膛密相区通过差压进行测量，大型循环流化床锅炉一般分左、右两侧，该测量平均值作为床压的测量值，此信号与由运行人员设置的床压给定值相比较后，通过调节器控制投用的冷渣器调节进渣门的开度，改变燃烧室炉底排渣量，从而维持床压在给定范围内。

锅炉的各输入、输出参数会有很大延时，且各参数是在实时变化的，难以建立精确的数学模型。因此，必须加入大量的补偿和修正，使其达到自适应控制。以保证锅炉运行的机动性、经济性和安全性。

72. 简述循环流化床锅炉的床温控制系统。

答：床温控制系统是循环流化床锅炉所特有的，床温的控制对循环流化床锅炉的正常运行尤其重要。

由于影响床温的因素比较多，如入炉煤的特性，粒度，床层厚度、一、二次风量，返料量等，并且也与锅炉的容量和形式有着密切的关系，因此不同的循环流化床锅炉所采用的床温控制方式也不相同。大部分都调节以下几方面的参数：

（1）给煤量的大小。

（2）一、二次风量的配比。

（3）返料量的大小。

大型循环流化床锅炉基本上采用改变 、二次风量和给煤量两个控制回路来调节床温。使锅炉达到最佳的燃烧效率和脱硫效率、最小的 NO_x 排放量。在风量控制回路中，一次风作为主要的床温调节手段，其中各点的床温经过计算得出平均值，作为给定值从而以此控制一次风量的大小。在给煤控制回路中，以负荷指令和床温平均值作为给定值来调整给煤量的大小。

73. 如何进行循环流化床锅炉的炉膛压力自动控制？

答：循环流化床锅炉的炉膛压力自动控制回路是保证锅炉的压力在设定值上，引入两测量值，取一个作为压力自动控制调节器的调节参数，控制引风机入口导叶，而且把一、二次风的负荷作为前馈信号，以控制引风机入口导叶开度保证引风机不能超额定负荷运行。

74. 循环流化床锅炉炉膛内部床温测点如何布置？其工作特点是什么？

答：床温测点应均匀分布在布风板上，热电偶距离布风板一段距离，床温测点可以布置在上、中、下三种位置，每层测点在炉膛四壁均匀、对称布置，目的是能够正确监测到各部分的床温。应注意床温测点的布置不能过低，否则不能正确反应床温的实际值。另外，与其他炉型的温度测点相比，循环流化床锅炉的密相区颗粒浓度很大且磨损特别严重，所以要求床温测点热电偶应装在具有耐高温和耐磨损的套管内，耐磨的套管伸出耐火材料壁大约 50mm。

75. 循环流化床锅炉的风机有哪些？

答： 循环流化床锅炉的常用风机有引风机、一次风机、二次风机、播煤风机、气化风机、空气压缩机、点火风机、高压流化风机等。

76. 循环流化床锅炉的高压流化风机属于哪种风机？其工作原理是什么？

答： 高压流化风机属于定容式罗茨风机。其工作特点是流量小，压头高。罗茨风机是两个相同转子形成的一种压缩机械，转子的轴线互相平行，转子中草药叶轮与叶轮、叶轮与机壳、叶轮与墙板之间具有微小的间隙，避免相互接触，构成进气腔与排气腔互相隔绝，借助两转子反向旋转，将体内气体由进气腔送至排气腔，达到鼓风的作用。由于叶轮之间、叶轮与机壳、叶轮与墙板间均存在很小的间隙，所以运行时不需要往气缸内注润滑油，运行时也不需要油气分离器辅助设备。由于不存在转子之间的机械摩擦，因此具有机械效率高、整体发热少、使用寿命长等优点。罗茨风机是比较精密的设备，关键要靠平时保养，注意入口过滤器的清扫和更换，室内空气的干净与畅通，保证润滑。

77. 叙述循环流化床锅炉内各部分的磨损。

答： 循环流化床锅炉中的大颗粒因机械作用，或伴有化学或电的作用，物体工作表面材料在相对运动中不断损耗的现象称为磨损。循环流化床锅炉受热面和耐火材料的磨损主要是冲刷磨损和撞击磨损综合作用的结果。

冲刷磨损是颗粒相对固体表面的冲击角度较小，甚至接近于平行，颗粒与固体表面相切的速度使它对固体表现起到一定的切削作用，如此大量、反复地作用，固体表现就会产生磨损。

撞击磨损是颗粒相对固体表面的冲击角度较大，甚至接近于垂直时，以一定的速度直接撞击固体表面使其产生很小的塑性变形或裂纹。各固体表面在被颗粒长期、反复的撞击下，逐渐使塑性变形层整片脱落从而形成磨损。

磨损与固体物料深度、速度、颗粒的特性和通道的几何形状等密切相关。尤其是循环流化床锅炉的磨损是煤粉炉的几十倍到上百倍。

78. 循环流化床锅炉内的燃烧区域有哪些？

答：炉内床层（密相区）、稀相区、旋风分离器、J阀回料器、冷渣器的仓室内都可能存在燃烧。因此，这些区域都可能成为循环流化床锅炉的燃烧区域。

79. 什么叫作循环化床锅炉的内循环和外循环？

答：循环流化床锅炉的内循环是指物料在炉膛内的循环，颗粒团在一定气流速度下，不再向上运动而是沿墙壁向下运动，颗粒不断上升、团聚、下沉，循环往复，在流化床内进行热量和质量的交换。外循环是指烟气携带的颗粒经炉外气固分离器分离后再通过返料装置返回炉膛的循环过程。

80. 循环流化床锅炉对煤粒径的要求是什么？

答：循环流化床锅炉为了要称定其流化状态，对炉煤的颗粒有严格的要求，一般要求入炉粉颗粒径不得超过13mm。并且各个范围粒径的煤颗粒所占的比例值要符合锅炉设计的要求。

81. 循环流化床锅炉的固体颗粒有何作用？

答：循环流化床锅炉中固体颗粒对燃烧的作用非常重要，主要有以下作用：

（1）燃料颗粒作为燃烧的反应物。

（2）脱硫颗粒参与脱硫反应与二氧化硫化合。

（3）固体颗粒作为传热介质，使床温分布均匀。

（4）可以将热量传给外置换热器。

（5）向尾部受热面传递热量。

82. 试分析煤粒无过大或过小对燃烧的危害。

答：在一个正常运行的循环流化床锅炉中，不同粒径的颗粒呈现一定规律分布。如果入炉煤颗粒过大，则造成床层不能维持正常的流化状态。产生局部结焦或布风板漏渣，燃烧区域后移，燃烧份额发生改变，主汽温度超出正常范围。锅炉运行偏离了设计工况，还会引起机械不完全燃烧，损失增大，锅炉的总效率不降。入炉煤颗粒过小，会引起扬析现象，飞灰含碳量较高，机械不完全燃烧损失也增大。另外还会使炉膛内的燃烧份额增大，增大了蒸发热量，造成过热热量比例不降，主汽温度超出了设计范围。

83. 循环倍率与循环流化床锅炉负荷的关系是什么？

答：对于循环流化床锅炉，改变循环倍率可以改变锅炉负荷。降低循环倍率可使理论燃烧温度上升，降低水冷壁的传热系数，保持炉膛出口温度不变。随着负荷不降，循环倍率随之下降。当循环倍率达到 $1/3 \sim 1/4$ 负荷时，循环流化床锅炉按鼓泡流化床方式运行、物料循环量为零，这样可以保证气温、汽压在允许范围内。

84. 二次风位置如何确定？

答：在循环流化床锅炉中，一般认为二次风口即为密相区和稀相区的分界点，二次风口以下为密相区，二次风口以上为稀相区。目前大多采用较低的密相区以降低能耗，二次风的入口位置一般离布风板 $1.5 \sim 3m$ 左右。二次风可以单层进入也可以多层进入。

85. 循环流化床锅炉的给煤方式有几种？各有何优点和缺点？

答：循环流化床锅炉的给煤方式按给煤位置来分有炉前给煤、炉后给煤及炉前炉后给煤三种，前两种给煤方式都有给煤不均匀的缺点，最后一种给方式给煤比较均匀，但输煤系统比较复杂，维护困难。按给煤点的压力分为正压给煤和负压给煤。负压给煤方式，由于给煤口处于负压，煤靠自身重力流入炉膛，所以结构简单，对给煤的粒度、水分的要求均较宽。但这种给煤方式的给煤点位置较高，细小的颗粒往往未燃尽就被带走，另外这种给煤还可能造成炉内分布不均匀，局部温度过高，结焦等问题。正压给煤避免了负压给煤的不足，煤从炉膛下部密相区输送，立即与温度较高的物料缠混燃烧，由于必须克服密相区的正压，所以给煤机都布置播煤风。

86. 循环流化床锅炉排渣口布置方式有几种？各有何优点和缺点？

答：循环流化床锅炉的排渣方式有侧面排渣和底部排渣两种。侧面排渣不会影响布风的流化状态，但如果床层厚度不高时会造成排渣动力不足。底部排渣口会占用布风板面积，影响其流化状态，但其排渣动力较大，利于排渣。

87. 回料器上下料腿的松动风如何布置？

答：在返料装置的上下料腿四周一般都布置有松动风。风源大多都取自高压流化风，它能增加返料的流动性，帮助物料顺利返回炉膛。避免了因返料装置的堵塞而造成的返料不畅，造成运行工况不稳定。

88. 循环流化床锅炉的省煤器一般采用哪些形式？其优点和缺点是什么？

答：循环流化床锅炉的省煤器与常规煤粉炉的工作环境相差不大，为了增加受热面积，防止磨损，循环流化床锅炉的省煤器一般采用鳍片式或膜式。其优点是增加了受热面积，减轻了管壁的磨损。缺点是容易积灰，烟气侧阻力较大。

89. 布风板的阻力包括哪些？
答：布风板的阻力包括：
（1）风帽进口端局部阻力。风帽进口处由于风室来的一次风急剧收缩，造成节流损失，阻力增大。
（2）风帽通道的摩擦力。风帽通道由于内径处存在摩擦损失。
（3）风帽小孔处的阻力。

90. 风室的作用是什么？

答：风室安装在布风板的下部，相当于流化风的混合分配箱，由于它有一定的容积，所以能起到稳压和均流的作用，使风量更加均匀地分布在布风板上。

91. 简述风帽的作用及分类。

答：风帽是循环流化床锅炉实现均匀布风以及维持炉内合理的气固两相流动和安全运行的关键部件，它能使布风更加均匀，同时定向风帽可控制气固两相的流动方向，有利于大渣的排出。风帽按形状可分为钟罩形风帽和单向风帽两大类。前者风孔径较小，风速较快，易磨损，阻力大，但布风板水冷风室不易漏渣；后者风孔径大，风速较慢，阻力小，不易磨损，但水冷风室漏渣严重。

92. 分别简述床上油枪和床下油枪的作用。

答：床上油枪布置在床料上部，直接加热床料和空气。能够较快地提高床料温度，同时可以在事故情况下起到助燃的作用，迅速提高床温，避免锅炉的主燃料切除保护（MFT）动作，在启动过程中可能缩短升炉时间。床下油枪布置在点火风道的尾部，先加热烟气再利用烟气加热床料。这样可以提高油枪燃油的利用率。

93. 床下油枪的结构如何？

答：不论是床上点火方式还是床下点火方式，其点火装置都是点火油枪（或燃气装置），这与煤粉锅炉相同，循环流化床锅炉的点火油枪多为简单压力式点火枪。其主要由点火油喷嘴、油枪杆、进油管道组成。其油喷嘴主要有雾化片、旋流片和分油嘴三部分组成。从油泵来的高压燃料油（一般是轻柴油）经过分油嘴的几个小孔汇合到环形槽内，然后经过旋流片的切向槽进入旋流片中心的旋涡室并产生高速旋转。旋转后的油通过雾化片的中心孔喷出，在离心力的作用下被破碎成很细的油滴，并形成具有一定雾化角的圆锥形油雾。雾化油能和空气充分地混合，在遇到明火时迅速着火。其打火装置一般采用高能电子发生器。

　　为保证油枪的正常使用，在油管道靠近油枪杆的部位还装有蒸汽吹扫系统。在油枪使用前对油枪杆及油喷嘴进行前吹扫，目的是对油枪进行吹堵和预热，更利于燃油点燃。在油枪使用后对油枪杆及油喷嘴进行后吹扫，目的是吹净油阀后管道中的积油，防止积油在管道中碳化造成油枪堵塞。点火油枪周围有周界风和冷却风，以便在运行过程中冷却油枪，靠近油枪的点火风道的地方，还有专门用于冷却点火风道的风。

94. 火焰检测装置的工作过程是什么？

　　答：火焰检测装置的工作过程为：在点油枪附近的火焰检测装置由光纤构成，光纤感受到火光，产生光信号，光信号传送到点火程控柜的信号放大电路，经放大变为电信号，开关量传送到分散控制系统（DCS）的显示画面上，运行人员便可获知点火油枪的工作状况。

95. 汽包水位计有几种？

　　答：汽包锅炉常用的水位计有机械水位计、平衡容器水位计、玻璃管水位计、电接点水位计、双色水位计等。汽包锅炉应至少配置两只彼此独立的就地汽包水位计和两只远传汽包水位计。水位计的配置应采用两种以上工作原理共存的配置方式，以保证在任何运行工况下锅炉汽包水位的正确监视。对于过热器出口压力为 13.5MPa 及以上的锅炉，其汽包水位计应以差压式（带压力修正回路）水位计为基准。汽包水位信号应采用三选中值的方式进行优选。

96. 电触点水位计的工作原理是什么？

　　答：电触点水位计安装于锅炉汽包两侧，左右封头各安装一个，两侧装有电触点，具有声光报警，闭锁信号输出等功能，作为高低水位报警和指示、保护用。电触点水位计的优点是在锅炉启、停时或压力不在额定范围内时，它能够正确的反映汽包水位；电接点水位计构造简单，体积小，维修量小。其工作原理的利用汽与水的导电率不同来测量水位，由于蒸汽导电率小、电阻大，电路不通，显示灯不亮，而水的导电率大、电阻小，电路接通，显示灯亮,水位高低决定了灯接通的数量,运行人员就可根据显示灯的数目来判断水位的位置。电触点水位计结构上主要由水位容器、电极和测量显示器和测量线路组成。

97. 循环流化床锅炉冷渣器的作用是什么?

答:循环流化床锅炉冷渣器的主要作用是:

(1) 回收热量,加热给水,起到省煤器的作用。(有的厂采用的冷却水是凝结水)

(2) 加热冷二次风,起空气预热器的作用。

(3) 对炉膛排出的渣起冷却作用。

(4) 保持炉膛物料平衡和保持床料的良好流化。

(5) 对细颗粒进行选择性回送,提高燃烧和脱硫效率。

98. 循环流化床锅炉冷渣器的分类及各自特点是什么?

答:循环流化床锅炉冷渣器的分类及特点:

(1) 螺旋冷渣器。结构与螺旋输送机基本一样,其螺旋叶片轴为空心轴,内部通有冷却水,外壳是双层结构,中间也有冷却水通过。内部和外壳中的冷却水可以在输送热渣的同时起到冷却的作用。主要优点是体积小,易布置,冷却效率高。缺点是由于磨损而造成冷却水泄漏,叶片易受热变形造成堵渣、电动机过载跳闸,不通产现选择性排放灰渣等。

(2) 流化床式冷渣器。又分为单仓和多仓式风水冷式等几种。这种冷渣器实际上也是一种流化床结构,热渣在冷渣器内呈现流化状态,流化风在使热渣流化的同时也被冷风冷却,加热后的热风作为二次风再重新回到炉膛。有的在仓室上部布置了冷渣管束,管束内流动的是给水或凝结水,能起到冷却作用,同时也提高了水温,提高了锅炉热效率。其主要优点是可以进行选择性排渣,使细颗粒重新回到炉膛再继续燃烧,既维持了物料平衡又降低了机械不完全热损失。相比较而言,其冷却性能很高。主要缺点是以下几方面:如果冷渣器内存在不完全燃烧的煤颗粒,会再次燃烧而结焦,影响其流化状态;冷渣器内的风帽易磨损;排渣管易堵塞等。

（3）滚筒式等其他形式的冷渣器。这是一种新型冷渣器，这类冷渣器的冷却效果较好，但都存在冷却渣量不大的缺点。随着制造技术的发展，滚筒式冷渣器的冷却能力已在不断增强，现在有很多大型循环流化床锅炉已逐步选用了滚筒式冷渣器。

99. 电除尘器的工作原理是什么？

答：电除尘器内部装有阴极板和阳极板，通电后高压电场产生电晕，从而使带电离子充满整个有效空间，带负电荷的离子在电场力的作用下，由阴极向阳极移动吸附烟气中的分散粉尘。带电体在电场力的作用下，将粉尘沉积在极板上。沉积在极板上的粉尘依靠机械振打装置，使粉尘脱落。

100. 简述电除尘器的组成部分及其作用。

答：电除尘器的组成部分及其作用如下：

（1）高压硅整流器流变压器。将380V的低压升高为（约60～70kV）直流高压电。

（2）电振打装置。将集尘板和电晕极积存的灰通过振打落入灰斗中。

（3）电加热装置。将灰斗中的灰和阴阳极框架进行加热，防止受潮结块。

（4）灰斗气化风机。使灰斗中的灰流动起来，避免结块。

（5）阴极板，又称电晕极。主要作用是产生负电离子，使灰尘荷电。

（6）阴极板，也叫集尘极。使荷电灰尘与正电荷中合而释放电荷，而灰尘积存在阳极板上。

（7）烟气导流通道。防止形成烟气走廊，使烟气能够更加均匀地经过各电场。

（8）灰斗及除灰系统。起到储藏和输送灰的作用。

101. 什么叫作比电阻？

答：长度和截面积各为1个单位时的电阻为比电阻，即导线长度为1cm，截面积为1cm² 时的阻值，用 ρ 表示，单位为 $\Omega \cdot cm$。粉尘分为低比电阻粉尘（$\rho < 10^4 \Omega \cdot cm$）、中比电阻粉尘（$10^4 \Omega \cdot$

cm$<\rho<5\times10^{10}\Omega\cdot$cm）和高比电阻粉尘（$\rho<5\times10^{10}\Omega\cdot$cm）.

102. 比电阻对除尘效果有何影响?

答：通常粉尘的比电阻值在 $10^4\sim5\times10^{10}\Omega\cdot$cm 之间，比电阻对除尘效果影响有以下几方面：

（1）比电阻大于 $5\times10^{10}\Omega\cdot$cm，影响电晕电流，粉尘荷电量和电场程度，使除尘效率下降。

（2）高比电阻会使粉尘粘附力增大，不易被振打下来，易产生二次飞扬，使除尘效率下降。

（3）低比电阻易因静电感应获得正电荷，使极板上的粉尘重新排斥到电场空间。

103. 电除尘四个物理过程是什么?

答：电除尘四个物理过程依次为：

（1）气体电离为阴阳离子。电除尘器利用高压直流电压使两极间产生极不均匀的电场，阴极附近的电场强度最高，产生电晕放电，使气体电离成为阴阳离子。

（2）电场中正负离子与粉尘相互碰撞并吸附在烟气中的粉尘并使之带上电荷。

（3）带上电荷的粉尘在电场力的作用下向极性相反的电极运动。

（4）带电粉尘到达极板或极线时，粉尘沉积在电板或极线上，通过振打装置落入灰斗，使烟气中的粉尘绝大部分被分离出来。

104. 影响电除尘效果的主要因素是什么?

答：影响电除尘效果的主要因素是：

（1）烟气性质。包括烟气的温度和压力、烟气成分、烟气湿度、烟气流速、烟气浓度。

（2）粉尘特性。其主要因素就是粉尘的比电阻，比电阻过高或过低都不适合电除尘对粉尘的捕集，中比电阻比较适合于电除尘器。

（3）电除尘器结构。如果结构不合理会影响气流分布不均匀或漏风，引起粉尘的二次飞扬，或形成气流旁路。

（4）运行人员的操作方法。如果操作方法不正确会引起电除尘器效率下降甚至造成设备损坏。

105. 烟气湿度对除尘效率有何影响？

答：一般工业生产的烟气都含有水分，从原理上分析烟气中水分越多，除尘效率就应该越高，但若电除尘设备的保温效果不好，烟气温度达到露点，特别是在烟气中二氧化硫含量比较大时，过高的湿度就会使电极系统及金属部件产生腐蚀，反而损坏了设备，影响了除尘的效果。

106. 电除尘器电磁振打的工作原理是什么？

答：当线圈通电时，线圈带电生磁，振打棒在电磁力的作用下被提起，达到一定高度时，线圈在程序控制下断电，电磁力消失，振打棒在重力作用下下落，敲击振打杆，由振打杆将振打力传递到内部阴阳极系统或气流分布装置上，将粉尘振下。

107. 循环流化床锅炉的一次风机有何特点？

答：循环流化床锅炉中，一次风机多采用大功率的高压离心式风机，一次风机的用途主要是送出的风进入一次风室，通过布风装置（风帽）进入炉膛，使炉膛内的床料流化。一次流化风是炉内热量的主要传递和携带介质。一次风速的大小决定着床料的流化情况和炉内床温的调节情况。一次风还是点火风机和播煤风机的风源，因此一次风的用量在循环流化床锅炉中是最大的，占总用量的 65% 以上。循环流化床锅炉一次风系统在空气预热器进口的阻力比较大，一次风系统空气预热器进口烟道的振动也是所有烟道中振动最大的。在此处一般都装有导向装置，以减小其振动，在运行时还应在不影响一次风机流量的前提下尽量减小一次风的压头。

108. 循环流化床锅炉二次风机有什么特点？

答：循环流化床锅炉的二次风机主要用途是将锅炉所需的助燃送入炉膛。由于一次风量在循环流化床锅炉中的比例较大，对二次风的需求量只占总风量的 30% 左右。二次风压力也比一次风要小，所以一般二次风机的容量也比一次风机的小。

109. 循环流化床锅炉与常规煤粉炉相比，其独特的控制回路有哪些?

答: 循环流化床锅炉的燃烧及控制与常规的煤粉炉相比有较大区别，根据其独特的运行方式，循环流化床锅炉的控制系统设计了一些独特的回路:

(1) 燃料量控制系统。给煤量主要受负荷指令、风和燃料交叉连锁信号的控制。

(2) 石灰石量控制系统。调节石灰石量是为了满足 SO_2 排放浓度的要求。当 SO_2 的浓度发生变化时，石灰石量也相应变化。

(3) 风量控制系统。风量控制包括总风量控制和一、二次风配比的控制。总风量根据燃料指令获得，并根据氧量信号校正，形成总风量指令信号。这与常规煤粉炉是一样的。所不同的是，在循环流化床锅炉中，一次风量都有一个规定的最低下限值，并且一、二次风的比例还要受到床温控制回路的校正。

(4) 返料风控制系统。主要通过旁路、溢流阀开度来控制风量、风压，确保回料器内流化正常，返料连续稳定。

(5) 床压控制系统。一般通过排渣量来控制床压，确保床压在上、下限之间。

(6) 床温控制系统。调整的方法是调整一次和二次风的配比、调节给煤量、调节灰循环量等。

110. 如何实现一次风量的自动控制?

答: 一次风总量的调节是根据调节器的要求来调节锅炉风帽的风量，其需求量是根据锅炉的床温、给煤量和负荷等参数计算出来的。实际参数通过测量元件测得，调节器的输出控制一次风机的入口导叶，维持一次风量在给定值范围内。在循环流化床锅炉中，一次风量是调节床温的主要手段之一，床温作为被调量参与调节。同时，一次风量也是调节床压的手段之一，作为调节密相区氧量和燃烧沸腾的主要手段。

111. 二次风出口风压如何自动调节?

答: 二次风出口风压采用的是空气预热器出口的压力进行调

节，锅炉自动控制系统从负荷调节回路反馈回来的负荷指令，作为给定值控制二次风机的液力耦合器勺管开度，调节二次风机转速，从而维持二次风机出口压力为给定值。二次风量调节回路是根据燃烧所需的给煤量和氧量进行调整所需的风量，控制播煤风挡板开度。

112. 如何实现循环流化锅炉氧量的自动控制？

答：氧量的自动控制主要通过省煤器后烟道中的氧量指示值来进行识别和控制。主要工作原理是，根据烟道中的氧量指示值的大小判断并来调节二次风挡板的位置和角度，从而调整二次风量，确保供氧量的均匀稳定。

113. 循环流化床锅炉如何实现水位自动控制？

答：循环流化床锅炉的汽水系统与常规煤粉炉差异不大，在水位控制方面也基本相同。给水的自动控制是由汽包水位、蒸汽流量和给水流量三冲量的控制来进行的。其中汽包水位作用为主信号。通过调节给水泵转速或给水调节门的开度，调节给水流量，维持汽包水位在正常范围内。当水位超过规定范围时，有高低水位的声光报警信号发出。当出现水位高 I 值时，紧急放水门（事故放水门）自动打开，将汽包水位放至零水位。当出现水位高 II 值或低 II 值时，引发锅炉 MFT 水位保护动作，紧急停炉以保护锅炉设备的安全。蒸汽流量作为前馈信号，可用于抑制给水自发性扰动的给水流量信号，来维持锅炉负荷变动时的物质平衡，这有利于克服虚假水位现象。给水流量作为反馈信号，当发生给水自发性扰动时，可抑制这种扰动对给水流量以及汽包水位的影响，这有利于减少汽包水位的波动。

汽包水位自动控制分为单冲量和三冲量控制方式，单冲调节器可以在手动或自动状态下运行。三冲量可以在手动、自动、串级状态下运行。单冲量在锅炉启动时控制汽包水位，三冲量用于锅炉负荷大于 30% 时控制汽包水位。

114. 循环流化床锅炉如何实现气温自动控制？

答：影响过热蒸汽和再热蒸汽温度的因素很多，例如，蒸汽流量、炉膛热负荷、烟气温度、烟气所含物料的浓度、烟气的流速、过热蒸汽侧与再热蒸汽侧的烟气分配、减温水量等。

在汽温调节中，可用改变烟气侧或减温水侧工况方法。一般采用烟气侧作为粗调而减温水侧作为细调的方法。

循环流化床锅炉的气温调节和常规的煤粉锅炉的气温调节基本相同。通常取调速级前气温变化作为前馈，通过修正后和设定值进行比较，根据它们之间的差值进行调控。

如果锅炉的气温调节中有烟气挡板，还应加入烟气挡板的调节控制逻辑。其中再热蒸汽温度的调节与过热蒸汽温度的调节控制逻辑基本相同。

115. 循环流化床锅炉如何实现床压自动控制？

答： 床压是燃烧室内密相区床料厚度的具体表现，料层过厚时，床料的流化状态就会变差或不能流化，影响炉内的燃烧工况，严重时会造成燃烧室内局部结焦。为保证床料的正常流化，在床料层过厚时需加大流化风量，从而增大辅机的电耗；料层过薄时，会对布风板上的设备如风帽、床温测点等磨损加大或使其过热损坏；特别是在料层很薄时，炉内的传热会恶化，不能维持正常的负荷需求，因此床料厚度的变化直接影响到锅炉的安全及经济运行。

料层厚度与床压具有一定对应关系，因此通过一次风室与稀相区的压力差及一次风量可以计算出料层厚度，而料层厚度的调节可以通过调节床压来实现。床压在炉膛密相区通过差压进行测量，大型循环流化床锅炉一般分左、右两侧，该测量平均值作为床压的测量值，此信号与由运行人员设置的床压给定值相比较后，通过调节器控制投用的冷渣器调节进渣门的开度，改变燃烧室炉底排渣量，从而维持床压在给定范围内。

锅炉的各输入、输出参数会有很大延时，且各参数是在实时变化的，难以建立精确的数学模型。因此，必须加入大量的补偿和修正，使其达到自适应控制，以保证锅炉运行的机动性、经济性和安全性。

116. 简述循环流化床锅炉的床温控制系统。

答：床温控制系统是循环流化床锅炉所特有的，床温的控制对循环流化床锅炉的正常运行尤其重要。

由于影响床温的因素比较多，如入炉煤的特性、粒度、床层厚度、一次风量、二次风量、返料量等，并且也与锅炉的容量和形式有着密切的关系，因此不同的循环流化床锅炉所采用的床温控制方式也不一定相同。但大部分都调节以下几方面的参数：

（1）给煤量的大小。

（2）一、二次风量的配比。

（3）返料量的大小。

对于大型循环流化床锅炉基本上都采用改变一、二次风量和给煤量两个控制回路来调节床温。使锅炉达到最佳的燃烧效率和脱硫效率、最小的 NO_x 排放量。在风量控制回路中，一次风作为主要的床温调节手段，其中各点的床温经过计算得出平均值，作为给定值从而以此控制一次风量的大小。在给煤控制回路中，以负荷指令和床温平均值作为给定值来调整给煤量的大小。

117. 如何进行循环流化床锅炉的炉膛压力自动控制？

答：循环流化床锅炉的炉膛压力自动控制回路是保证锅炉的压力在设定值上，引入两测量值，取一个作为压力自动控制调节器的调节参数，控制引风机入口导叶，而且把一、二次风的负荷作为前馈信号，以控制引风机入口导叶开度保证引风机不能超额定负荷运行。

118. 循环流化床锅炉炉膛内部床温测点如何布置，其工作特点是什么？

答：床温测点应均匀分布在布风板上，热电偶距离布风板一段距离，床温测点可以布置在上、中、下三种位置，每层测点在炉膛四壁均匀、对称布置，目的是能够正确监测到各部分的床温。应注意床温测点布置的不能过低，否则就不能正确反映床温的实际值。另外，与其他炉型的温度测点相比，循环流化床锅炉的密相区颗粒浓度很大且磨损特别严重，所以要求床温测点热电偶应装在具有耐高温和耐磨损的套管内，耐磨的套管伸出耐火材料壁大约 50mm。

119. 循环流化床锅炉与其他锅炉的根本区别在什么地方？物料对传热的影响主要是在什么地方？

答：循环流化床锅炉与其他锅炉的根本区别在于其炉内有大量的固体物料在循环。物料对传热的影响主要是近壁区，而近壁区物料浓度是贴壁下降流的表现，其大小反映了内循环量。

120. 循环流化床锅炉汽水系统的空气门有何作用？

答：循环流化床锅炉汽水系统的空气门的作用是：

（1）在锅炉进水时，受热面水容积空气占据的空间逐渐被水代替，在给水的驱赶作用下，空气向上运动聚集，所占的空间越来越小，空气的体积被压缩，压力高于大气压，最后经排空气门排入大气。防止了由于空气滞留在受热面对工质的品质及管壁的不良影响。

（2）当锅炉停炉后，滞压到零前开启空气门可以防止锅炉承压部件内因工质的冷却，体积缩小所造成的真空；可以利用大气的压力，防出炉水。

（3）在点火初期，空气门规定是打开的，有利于汽水的疏通，当锅炉气压建立起来后，关闭空气门。

121. 循环流化床锅炉省煤器的作用是什么？

答：省煤器在循环流化床锅炉的汽水系统中通过水泵加压后的给水在省煤器中吸热后进入汽包。它的主要作用是：

（1）加热给水，替代了部分蒸发面，就是以管径小、管壁厚、传热温差大、价格低的省煤器代替了造价较高的水冷壁管。

（2）进一步降低了排烟温度，提高了锅炉效率，节省燃煤。

（3）提高了汽包的进水温度，减少了汽包与给水的温差，降低了汽包的热应力。

122. 循环流化床锅炉空气预热器的作用是什么？

答：循环流化床锅炉空气预热器的作用是利用排烟余热，加热燃料所需的空气及制粉系统工作所需的热空气，并可降低排烟温度，提高机组热效率。

123. 锅炉汽包的作用是什么？

答：汽包是各种汽包锅炉的重要部件，其主要作用是：

（1）连接上升管（水冷壁）和下降管，组成水循环回路，同时接受省煤器的给水，以及向过热器输送饱和蒸汽。因此，汽包是加热、蒸发、过热三个过程的枢纽和连接点。

（2）作为一个平衡容器，提供水冷壁汽水混合物流动所需的压力。

（3）汽包中容有一定的水和蒸汽，加之汽包自身质量很大，因此有相当大的蓄热能力。在锅炉工况发生变化时，能减缓气压的变化速度，起到稳定气压的作用。

（4）汽包内装有汽水分离装置和汽水净化装置，起到保证汽水品质的作用。

（5）装有测量表计与安全附件，如压力表、水位计、安全阀等，保证锅炉的安全运行。

124. 汽水分离装置的原理是什么？

答：汽水分离装置的原理是：利用汽水密度差进行重力分离；利用气流改变方向时的惯性力进行惯性分离；利用气流旋转运动产生的离心力进行汽水离心分离和利用使水粘附在金属壁面形成水膜往下流形成吸附分离。

125. 锅炉汽包装设连续排污阀的作用是什么？

答：锅水由于连续不断地蒸发而逐渐浓缩，使锅水表面附近含盐量最高，所以排污口应安装在锅水浓度最大的地方，以连续排出含盐量高的锅水，补充清洁的给水，从而改善锅水的品质。连续排污的排污率一般在蒸发量的1%左右。

126. 锅炉连续排污管装在汽包中的哪个位置？

答：连续排污管口一般装在汽包零水位以下 $200 \sim 300\,\mathrm{mm}$ 处，锅水由于连续不断地蒸发而逐渐浓缩，使水表面附近含盐量最高。所以排污口应安装在锅水浓度最大的地方，即汽包汽水分界面。

127. 锅炉定期排污的作用是什么？

答：由于锅水含有铁锈和化学加药处理所形成的沉淀水闸等

杂质，沉积在水循环回路的底部，定期排污的目的是定期将这些水渣等沉积杂物排出，提高锅水的品质．另外，如在锅炉启动初期及时进行锅炉的定期排污，可以改善水循环，使锅炉各部件能够均匀受热膨胀。

128. 定期排污阀装在汽水系统的哪个位置？

答：因为水冷壁系统内的水渣等沉积物都集中在下联箱的最底部，只能从这个位置排出。定期排污阀的排污口一般设在水冷壁下联箱的底部或集中下降管的下部。

129. 锅炉省煤器再循环阀的作用是什么？

答：省煤器再循环阀是在锅炉停止进水时打开，使汽包和省煤器之间形成一个小的水循环回路，以保护省煤器。防止省煤器无水冷却而过热。

130. 正常运行时下降管及水冷壁下联箱是否可以作为放水阀来使用？

答：在正常运行时下降管及水冷壁下联箱可以进行定期排污，但不可以作为放水阀来使用因为这样可能造成水循环被破坏，发生事故。

131. 循环流化床锅炉的膨胀是如何设计的？

答：循环流化床锅炉一般在炉膛部分、分离器部分和尾部烟道部分设有膨胀中心，膨胀中心可以设置在各部分中心线上。锅炉深度和宽度方向上的膨胀零点一般设置在炉膛深度和宽度的中心线上，通过与水冷壁相连接的刚性梁上的承接件与刚性梁的导向装置相配合形成膨胀零点。垂直方向的所有受压件吊杆的位置量均是相对于膨胀零点而言的，对位移量大的吊杆需要设置预进量，以改善锅炉运行时的吊杆应力状态。各点的膨胀量均以膨胀中心为基点准确计算，作为密封系统设计的依据。刚性梁将整个水冷壁组成刚性结构，炉膛常采用全悬吊结构，水冷壁本身及炉墙均通过水冷壁吊杆悬吊于钢架的顶部钢梁上，整体向下膨胀。

132. 循环流化床锅炉是怎样解决各部分膨胀的?

答: 锅炉一般采用支吊结合的固定方式,炉膛常采用全悬吊结构,旋风分离器有的采用全悬吊结构,有的采用中部支撑结构,返料装置有的采用钢梁悬吊装置,有的采用底部支撑结构。为解决燃烧室与高温绝热分离器、回料阀、冷渣器、床下启动燃烧器之间以及高温绝热分离器与回料阀、尾部对流烟道之间的相对三向膨胀,安装既能耐高温、又抗磨损的非金属膨胀节。由于炉膛整体向下膨胀,与炉膛连接的 二次风管与母管、给煤机下煤管与燃烧室、石灰石管与母管之间也有相对膨胀,其膨胀结构可采用不锈钢多波纹膨胀节补偿。有外置换热器的循环流化床锅炉,外置换热器与炉膛和分离器的连接管也要采用密封盒膨胀节结构。

133. 简述循环流化床锅炉的易磨损部位。

答: 在循环流化床锅炉中,受热面、金属部件和耐火材料的磨损主要表现为冲蚀磨损。冲蚀磨损是指流体或固体颗粒以一定的速度和角度对材料表面进行冲击所造成的磨损。常见部位有:

(1) 循环流化床锅炉受热面的磨损。循环流化床锅炉的受热面主要包括炉膛水冷壁、炉内受热面(包括屏式翼形管、屏式过热器、水平过热器管屏)、尾部对流烟道受热面、外置床等,密相区布置有埋管受热面。其中较为严重的是水冷壁与耐火材料交接处的磨损以及不规则管壁的磨损(不规则管壁主要包括穿墙管、炉墙开孔处的弯管、管壁上的焊缝等),此外还有一些炉内测试元件的磨损,如热电偶等开孔处的管壁等。

(2) 循环流化床锅炉耐火材料的磨损。耐火材料的作用主要是防止锅炉高温烟气和物料对金属构件的高温氧化腐蚀和磨损,兼有隔热作用。循环物料的磨损首先发生在耐火材料上,从而保证金属结构的使用寿命,这是保证循环流化床锅炉长期安全运行的主要措施。循环流化床锅炉使用耐火材料的主要区域有燃烧室、旋风分离器、外置床、膨胀节、烟道及物料回送管路等。

(3) 循环流化床锅炉其他部件的磨损。布风装置的磨损主要有两种情况:风帽的磨损和风帽风孔的扩大。

134. 为什么循环流化床锅炉比其他炉型更容易磨损？

答： 磨损与固体物料的浓度、速度、颗粒的特性和流道几何形状等密切相关。在循环流化床锅炉中，受热面和耐火材料受到大量固体物料的不断冲刷，表 2-2 给出了不同锅炉典型的固体物料浓度和烟速的范围。从表中数据看，循环流化床锅炉内的固体物料浓度为煤粉锅炉的几十倍到上百倍，因此，应特别重视循环流化床锅炉受热面和耐火材料的防磨问题。

表 2-2　　　　　　各种炉型固体物料浓度和烟速

锅炉区域	固体物料浓度（kg/m³）	烟气速度（m/s）
循环流化床锅炉燃烧区密相区	100～1000	4.5～7
循环流化床锅炉燃烧区稀相区	5～50	4.5～7
循环流化床锅炉对流烟道	<4	12～16
鼓泡流化床密相区	200～1000	1～3.5
煤粉炉对流烟道	<2	20～25
燃气炉对流烟道	0	30 以上

135. 循环流化床锅炉的哪些区域需要敷设耐火材料？

答： 由于循环流化床在高温下（温度可达 900～1000℃）运行，而且温度变化频繁，造成循环热冲击。此外锅炉内有大量的高温运动的高温固体材料，所以，循环流化床锅炉需要使用大量的耐火材料进行保护。敷设耐火材料的区域主要包括燃烧室、高温分离器、烟道、物料回送管路、外置换热器等。

136. 为什么说正确设计、安装和选择耐火材料对循环流化床锅炉的安全运行至关重要？

答： 耐火材料破坏造成锅炉事故率较高，仅次于锅炉受热面磨损造成的事故率，所以，正确设计、安装和选择耐火材料对循环流化床锅炉的安全运行是至关重要的。

137. 简述循环流化床锅炉耐火材料被破坏的主要原因。

答：（1）由于温度循环波动和热冲击以及机械应力造成耐火材料产生裂纹和剥落。温度循环波动时，由于耐火材料骨料和黏合剂间热膨胀系数不同而形成内应力，从而破坏耐火材料层，温度循环波动常常造成耐火材料内衬的大裂缝和剥落。温度快速变化造成的热冲击可使耐火材料内的应力超过抗拉强度而剥落。机械应力所造成的耐火材料的破坏则是主要由于耐火材料与穿过耐火材料内衬处的金属件间热膨胀系数不同造成的，因此，在设计、施工过程中不考虑适当的膨胀空间将造成耐火材料的剥落。

（2）由于固体物料对耐火材料的冲刷而造成耐火材料的破坏。循环流化床锅炉内耐火材料易磨损区域包括边角区、旋风分离器和固体物料回送管路。耐火材料的磨损随冲击角度的增大而增加，因此旋风分离器、烟道等设计时，应使冲击角度尽量小。除上述两种原因外，循环流化床锅炉耐火材料的破坏还有因碱金属的渗透而造成耐火材料渐衰失效和渗碳而造成的耐火材料的变质破坏等。

138. 简述循环流化床锅炉炉膛内部耐火材料被破坏的原因。

答：在循环流化床锅炉中，炉膛温度达到 800～1000℃，在此区域中经常发生热冲击和温度循环变化。燃烧室内局部温度变化在几分钟之内就达到 500℃，停炉次数较多。

炉膛内耐火材料通常采用 50～150mm 的致密抗耐磨的浇注料构成，通常毁坏都是由于过度的裂缝和挤压剥落而引起的。干燥时的收缩、热震、应力下的塑性变形是产生裂缝的主要原因。浇注料内部的不锈钢纤维有助于减少裂缝，但是不能彻底解决问题。当床料被裂缝夹住时，浇注料层经历反复的温度循环变化时就会出现挤压剥落，如图 2-11 所示。

139. 哪些主要运行参数对循环流化床锅炉受热面的影响非常大？

答：主要是烟气流速、气体湍流强度、烟气温度、受热面温度、烟气成分的影响。

140. 循环流化床锅炉的烟风系统由哪些部分组成？

答：循环流化床锅炉的烟风系统是循环流化床锅炉的风（冷风和热风）系统和烟气系统的统称。循环流化床锅炉的风系统主

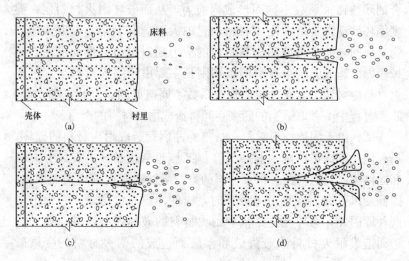

图 2-11 温度循环变化对耐火材料的破坏过程
（a）衬里初次裂纹——由受热引起的水泥脱水及热表面塑性变化；（b）冷却时
床料嵌入裂缝中；（c）重新受热后使裂缝变小——出现剪切应力；
（d）应力超过衬里强度——角部脱落

要由燃烧用风和输送用风两部分组成。前者包括一次风、二次风、播煤风（也称三次风），后者包括回料风、石灰石输送风和冷却风等。

141. 为什么耐火材料会在循环流化床锅炉部件中广泛应用？

答： 耐火材料在循环流化床锅炉中广泛应用，主要是因为：

（1）耐火材料在还原性气氛中比钢耐腐蚀，因为在燃烧室底部的还原区通常衬以耐火材料制品。

（2）埋有焊接件的耐火材料比较容易制成复杂的形状，而环形膜式壁却比较难制造。

（3）安装的耐火材料是很厚的浇注件或砖，是防止磨损、成本低廉的阻隔层。

142. 循环流化床锅炉磨损的部位有哪些？

答： 循环流化床锅炉磨损的部位主要有：

（1）密相区与水冷壁管束结合处。

（2）水冷壁有突出的部位。

（3）密相区内床温测定。

（4）布风装置。

（5）炉膛角落区域的水冷壁磨损。

（6）不规则区域管壁的磨损。

（7）二次风喷嘴的磨损。

（8）尾部烟道受热面的磨损。

（9）旋风分离器中心筒的磨损。

（10）冷渣器及相关部件的磨损。

143. 简述下部卫燃带与水冷壁交界处磨损的机理。

答：下部卫燃带与水冷壁交界处磨损的机理有两个方面：一是过渡区域内由于沿壁面下流的固体颗粒与炉内向上运动的固体物料运动方向相反，因而在局部产生涡旋流；另一个原因是沿炉膛面下流的固体物料在交界区域产生流动方向的改变，因而对水冷壁产生冲刷。卫燃带与水冷壁过渡区内水冷壁管壁的磨损并不是在炉膛四周均匀发生的，而是与炉内的物料总体流动形式有关。

144. 循环流化床锅炉耐磨材料破坏的主要原因有哪些？

答：循环流化床锅炉耐磨材料破坏的主要原因有：

（1）由于温度循环波动和热冲击以及机械应力造成耐磨材料产生裂缝和剥落。

（2）由于固体物料对耐磨材料的冲刷而造成耐磨材料的破坏。

（3）循环流化床锅炉耐磨材料的破坏还有因碱金属的渗透而造成的耐磨材料减衰失效，从而造成耐磨材料的变质破坏等。

（4）耐磨材料施工工艺差造成的破损。

（5）耐磨材料的烘炉工艺控制不好。

145. 影响循环流化床锅炉受热面磨损的主要因素有哪些？

答：（1）循环流化床锅炉内部物料总体循环形式的影响。

（2）运行参数的影响（床温、床压、流化风量）。

（3）床料特性的影响（床料的粒度）。

（4）受热面特性的影响（设计布置以及防磨措施）。

146. 循环流化床锅炉受热面产生磨损的主要原因有哪些?

答: 循环流化床锅炉受热面产生磨损的主要原因有:

(1) 烟气中颗粒对受热面撞击产生的磨损。

(2) 受热面表面受运动速度相对较慢的颗粒冲刷所造成的磨损。

(3) 沿受热面表面运动的固体物料受其他颗粒的作用,利用贴壁的固体颗粒作为磨损介质,使受热面产生磨损,也就是所谓的三体磨损。

(4) 随气泡快速运动的颗粒对受热面产生磨损。

(5) 气泡破裂后颗粒被喷溅到受热面表面从而对受热面产生磨损。

(6) 炉内局部射流造成受热面的磨损,循环流化床锅炉中的各种射流包括给料(燃料和脱硫剂)口射流,固体物料再循环口射流、布风板风帽的空气射流、二次风空气射流以及因管道泄漏而造成的射流等射流卷吸的床料对相邻的受热面形成直接的冲刷而造成磨损。

(7) 伴随着炉内和炉外固体物料整体流动所造成的受热面的磨损。

(8) 由于几何形状不规则造成的受热面磨损。

147. 循环流化床锅炉结焦有哪几种形式?

答: 常将结焦分为高温结焦和低温结焦两种。另外,还有一种叫渐进性结焦。

148. 循环流化床锅炉结焦的原因有哪些?

答: 循环流化床锅炉结焦的主要原因是床料局部或整体温度超过灰熔点或烧结温度,以及炉内流化工况不良等。

(1) 燃料的影响。若煤的灰熔点低,当煤颗粒在炉膛内较高温度下熔化成液态或软化状态时,相互黏结,且自身燃烧放出的热量无法及时传出,就会产生结焦。其次,运行中给煤量过大,使料层中含煤量过多,料层温度升高,燃烧气氛更加趋于还原性气氛,煤的灰粒容易达到熔融及软化状态而结焦。另外,煤种变化太大，燃料制备系统选择不当，煤粒度太大，或粗颗粒份额较多也会严重影响床层的流化，导致密相区超温而结焦。

（2）运行参数的影响。运行中一次风量太小或减风至流化极限以下，会造成料层流化不好而出现局部温度过高的情况，一旦局部出现结焦就会黏结周围的颗粒而使结焦扩大。这种情况主要发生在起动过程中，因为启动时料层太低，风量较小，整个料层未能均匀地达到较好的流化状态。另外，料层差压是一个反映燃烧室料层厚度的参数，在锅炉运行中，料层厚度大小会直接影响锅炉的流化质量，如料层厚度过大，有可能引起流化不好造成炉膛结焦或灭火。

（3）返料影响。返料风过小，或返料器突然由于耐火材料的塌落而堵塞，或因料层差压高放循环灰外泄失控等原因，返料无法正常返至炉内，都会造成床温过高而结焦。若此时再通过加煤来维持压力及气温，则床温在返料未回炉膛及加煤的双重作用下会急剧上升而导致床上结焦。若运行中返料温度过高，可能会造成返料器内结焦。

（4）结构方面的影响。布风板设计不良、风帽布置不合理或风帽损坏，造成布风板布风不均，会造成部分料层不流化而产生结焦。另外，返料阀设计不当，返料风可能导致阀体内可燃物的燃烧，从而使返料温度升高造成返料器内结焦。

（5）运行操作人员问题。

149. 预防循环流化床锅炉结焦的措施有哪些？

答：（1）改变燃煤的焦结特性，保证良好而稳定的入炉煤质，入炉煤颗粒度符合要求。

（2）在每次锅炉起动前认真检查风帽、风室，清理杂物。起动时，应进行冷态流化试验，确认床层布风均匀，流化良好。

（3）加快起动速度，尽量缩短油煤混烧时间。点火初期当床温达到投煤温度时，应立即投煤，燃烧稳定后果断断油。在事故处理过程中，也应及时断油，使煤油混燃时间缩短，防止结焦。

（4）锅炉起动期间，返料装置必须充满灰后方可投入，以防风反窜。点火初期先不投返料风，待底料中的细灰充满返料装置后则应开返料风（一般是点火后半小时），保证床内有料。

（5）点火过程中，床温达到 500℃ 以上可加入少量的煤以提高床温。刚开始投煤时，不得过快过猛，遵循少量间断的原则。如果加煤量过多，由于煤粒燃烧不完全，整个床料含碳量增大，一旦加大风量，就会猛烈燃烧，床温上升很快，甚至超过灰的软化温度，结果造成整床超温结焦。点火给煤过程中若发现底料局部发亮或底料温度急剧升高，说明底料有结焦的趋势，则应该减少给煤量，增加风量防止结焦。

（6）综合考虑结焦和控制 NO_x 的影响，床温应控制在 850～950℃，最高不应超过 1000℃，通过调整风煤配比及返料量进行控制。如因煤粒变粗或煤质变差等原因引起床温波动，应视情况适当提高一次风量来流化床层，抑平床温，以免出现大颗粒沉积，造成局部或整体超温结焦现象。如床温几点极不平衡或个别点极高，应遵循就高不就低的原则及时进行处理。国外的研究报告和国内运行经验证明，流化床中的结焦温度比煤粉炉中低得多，一般情况下，流化床中温度低于灰软化温度 150～250℃ 就开始结焦，因此建议控制局部床温不能高于 950～1000℃。另外，在低负荷运行时，如发现床温突然下降，除了断煤外，很可能是床料沉积，这时若增大给煤量，反而会加剧沉积，使流化床的流化质量变差，造成局部结焦。当判明是床料沉积时，应打开冷渣排放管放渣，待床温正常后，适当调节至较高负荷下运行。变负荷运行时，也应控制床温在允许范围内，做到升负荷先加风后加煤，降负荷先减煤后减风，燃烧调节要平稳，避免床温大起大落。

（7）运行时应控制返料温度最高不能超过 $1000℃+T\%$，温度过高有可能造成返料器内结焦，特别是在燃用较难燃的无烟煤时，因为存在燃料后燃情况，温度控制不好极易发生结焦。返料温度可以通过调整给煤量和返料风量来调节，如温度过高，可适当减少给煤量并加大返料风量，同时检查返料器有无堵塞，及时清除，保证返料器的通畅。

（8）料层差压应控制在 5～7kPa。料层差压（料层的厚度）可以通过炉底放渣管排放底料的方法来调节。锅炉运行中，如果料层差压超出正常范围，说明流化不正常，下部有沉积或结渣，此时，可短时开大一次风，吹散焦块，并打开放渣管排渣；如不能清除，应立即停炉检修。采用人工放渣要及时，做到少放勤放，不允许一次放过多的床料，不得用压风的方式降低料层差压。排出的炉渣有渣块应汇报司炉，排渣结束后排渣门要关闭严密。

（9）运行过程中，保持合理的风煤配比及一、二次风配比。运行中一次风量不得低于对应料层厚度下的最低临界流化风量，以保证床料流化正常。二次风补充燃烧中氧气的不足，其调整应根据燃煤挥发分的高低随负荷进行。

（10）压火时首先关闭返料阀风、二次风机，然后停止给煤机，待料层温度比正常温度降低 50℃左右时，立即停止一次风机和引风机，并迅速关严送风门，使料层从流化状态迅速转变为静止堆积状态，与空气隔绝，动作越快越好。

（11）对于高温分离器，保证任何时候含氧量不低于 3％～5％，以降低飞灰可燃物含量，防止分离器和返料机构内发生二次燃烧而超温。运行中要定期察看返料的情况，监视返料器床层的温度是否正常。

（12）应确保合格的炉内浇注料及耐火耐磨材料质量及施工质量，防止因浇注料等材料塌落而引起结焦。

150. 循环流化床锅炉结焦有什么危害？

答：循环流化床锅炉结焦不仅会影响到锅炉的安全稳定运行，甚至还会损坏设备。

151. 简述循环流化床锅炉降低污染物气体排放的措施要点。

答：循环流化床锅炉降低污染物气体排放的措施要点是：

（1）将运行床温提高到 900℃左右。

（2）将过剩空气系数降至 1.1～1.2。

（3）实施分段燃烧。

（4）仔细选择脱硫剂品种和粒度。

（5）注意利用炉膛悬浮空间和旋风分离器的脱硫氮能力。

152. 燃料在炉内如何才能实现迅速而完全地燃烧？

答： 实现燃料迅速而完全燃烧，应做到以下几点：

（1）供给适当的空气，空气量不足则燃烧不完全，空气量过大则降低床温，燃烧不好。

（2）维持炉内足够高的床温，床温必须在燃料的着火温度以上。

（3）具有较好的流化状态和较强的二次风穿透力。

（4）有足够的燃烧时间。

（5）合适的循环倍率。

（6）具有一定比例粒度的煤粒。

153. 点火油枪蒸汽雾化和机械雾化各有什么优缺点？

答： 蒸汽雾化和机械雾化是燃煤锅炉点火油燃烧常用的两种方法。

蒸汽雾化质量较好，颗粒较小，雾化片磨损对雾化质量影响不大，燃油压力不高，并且允许在较大范围内变化，只要燃油压力和蒸汽压力相差不大即可。油泵耗电少，锅炉调节幅度大。但是蒸汽雾化要消耗一定的蒸汽。

机械雾化不用蒸汽，噪声小。但机械雾化要求燃油压力很高，需要高压油泵，耗电较多，雾化质量不如蒸汽雾化，而且对雾化片的磨损较敏感，为了保证雾化质量需要定期更换雾化片。负荷调节的范围小，一般不宜采用改变喷嘴前油压的方式调节负荷。

154. 影响蒸汽雾化质量的因素有哪些？

答： 影响蒸汽雾化质量的因素有很多，主要有以下几项：

（1）旋涡室直径。油高速切向进入旋涡室，旋涡产生离心力，旋涡室直径增大，旋转力矩增加，切向速度增大，雾化角增大，油膜变薄，油粒变细，并趋向均匀，雾化质量改善。

（2）喷孔直径。喷孔直径增加，阻力减小，喷油量增加，切向速度增加，雾化角度变大，但油膜变厚，油粒变粗，雾化质量下降。

（3）切向槽总面积。切向槽总面积增加，进入旋涡室的切向速度降低，旋转减弱，雾化角度变小，油粒变粗，雾化质量下降。

（4）进油压力。进油压力增加，雾化角度变小，但雾化质量提高。

（5）燃油黏度。燃油黏度增加，油嘴出力降低，轴向速度和切向速度都下降，雾化角度变化不大。黏度增大，表面张力增大，雾化困难，颗粒变粗。

（6）加工精度。雾化片的加工精度，如同心度、粗糙度对雾化质量影响较大，同心度差，粗糙度大，雾化质量明显下降。

155. 排烟损失一般由哪两部分组成？

答： 排烟损失一般由于烟气带走的热量和烟气所含水蒸气的汽潜热两部分组成。

156. 为什么在锅炉运行中要经常监视排烟温度的变化？

答： 因为排烟热损失是锅炉各项热损失中最大的一项，一般为送入热量的 6% 左右；排烟温度每增加 12～15℃，排烟热损失增加 1%；同时排烟温度可反映锅炉的运行情况，所以排烟温度应是锅炉运行中最重要的指标之一，必须重点监视。

157. 排烟温度升高一般是什么原因？

答： 使排烟温度升高的因素如下：

（1）受热面结垢、积灰、结渣。

（2）过剩空气系数过大。

（3）漏风系数过大。

（4）燃料中的水分增加。

（5）锅炉负荷增加。

（6）燃料品种变差。

（7）制粉系统的运行方式不合理。

（8）尾部烟道二次燃烧。

158. 温床和蒸汽压力之间的耦合关系是什么？

答： 对带有外置式换热器的循环流化床锅炉，可以采用变化风煤比来调节蒸汽压力，采用控制进入外置式换热器的循环灰量来调节床温，二者之间不存在紧密的耦合关系。

对于不带外置式换热器的循环流化床锅炉，因为锅炉的主蒸汽压力和床层温度的控制均是通过调节给煤量来实现的，所以，在控制理论和实践上，合理处理二者之间紧密的耦合关系是实现燃烧控制系统要解决的重要问题。在其他条件不变的情况下，床温升高，蒸汽压力升高。

159. 循环流化床锅炉不同区域中固体颗粒所处的流动状态是什么？

答：循环流化床锅炉不同区域中固体颗粒所处的流动状态见表 2-3 所示。

表 2-3　　　　　不同区域中固体颗粒所处的流动状态

位　　置	流动状态
燃烧时（上二次风以下）	湍流流化床
燃烧时（上二次风以上）	快速流化床
旋风分离器	旋涡流动
回料腿下部	移动填充床
回料阀	鼓泡床
冷渣器	鼓泡床
尾部烟道	气力输送

160. 冷渣器的种类有哪几种？

答：冷渣器按灰渣运动方式不同，可分为流化床式、移动床式和混合床式以及螺旋输送机式；按冷却介质的不同，可分为水冷式、风冷式和风水联合式。按热交换方式来分有间接式和接触式。

161. 间接式冷渣器大致有哪几种？

答：间接式冷渣器的具体结构形式有很多，综合起来大致有以下几种：

（1）管式冷渣器中最简单的单管式冷渣器，高温渣在管内流动，而水在管外逆向流动，二者通过管壁交换热量。

（2）流化床省煤器。如图 2-12 所示，在流化床内部布置许多蛇形管，流化的灰渣与水通过管壁交换热量。流化床具有良好的传热特性，效果较好。

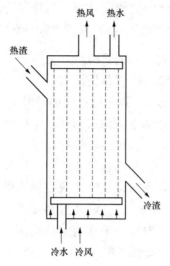

图 2-12 流化床省煤器

（3）绞笼式冷渣器。热灰沿着绞笼流道前进，水在绞笼外的水冷套内流动，两种介质为逆向流动。为了强化冷却效果，可采用双绞笼，如图 2-13 所示。

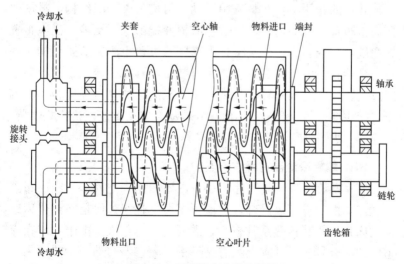

图 2-13 双螺旋水冷绞笼结构

67

162. 直接式冷渣器有什么特点？

答： 直接式冷渣器的特点是灰渣与冷却介质直接接触，为不破坏灰渣的物理化学性质，冷却介质通常是空气。

163. 简述螺旋冷渣器的结构。

答： 螺旋（绞笼）冷渣器是使用最为普遍的冷渣器之一，其结构与螺旋输送机基本一致，所不同的是其螺旋叶片轴为空心轴，内部通有冷却水，外部也是双层结构，中间有水通过。高温底渣进入螺旋冷渣器后，一边被旋转搅拌输送，一边被轴内和外壳层内流动的冷却水冷却。灰渣在绞笼叶片间隙流道中通过，水流通道可以是绞笼外壁，也可以是叶片或主轴上的水夹套。为了增加螺旋冷渣器的冷却面积，防止叶片过热变形，有的螺旋冷渣器的叶片制成空心叶片，与空心轴连为一体充满冷却水。有的冷渣器采用双螺旋轴或多螺旋轴结构。

水冷绞笼主要由旋转接头、斜槽、机座、机盖、螺旋叶片轴、密封与传动装置等组成。螺旋叶片轴是水冷绞笼的主要换热部件，由空心管轴、空心叶片、两端轴等组成。一端接传动机构，另一端接旋转接头。冷却水在空心螺旋叶片、空心轴内流动，物料在旋转叶片的作用下，在料槽中运动。料槽为夹套式结构，料槽内侧通常布置了防磨内衬，以防止磨损并能够及时更换。机座布置在两端，一端固定，一端可自由膨胀。机盖也为夹套式结构，并设有螺栓孔。旋转接头为旋转密封装置，具有一定压力的冷却水经过旋转接头进入旋转叶片轴，吸收灰渣的热量后经旋转接头流出，接头要密封、严密、不泄漏。传动装置由调速电机、联轴器、减速器、力矩限制器、链轮等组成。

164. 螺旋冷渣器有哪些特点？

答： 螺旋冷渣器具有体积小、占地面积和空间小、容易布置等优点，由于没有风冷却，灰渣再燃可能性小。但是与流化床或移动床相比，其传热系数较小，需要的体积偏大。由于灰渣在流道中的混合较慢，基本上只有贴壁的一层参与传热，传热效果不是很好。该冷渣器普遍使用于容量较小的流化床锅炉，随着水冷绞笼的不断改进和发展，该设备的缺点和问题逐步得到改善，目前已经在大容量流化床锅炉上推广使用。

165. 风冷式冷渣器的种类有哪些？

答：风冷式冷渣器的种类很多，主要是利用流化介质（空气或烟气）和灰渣通过逆向流动过程完成热量交换，从而使灰渣冷却。主要包括流化床式冷渣器、混合床式冷渣器和气力输送式冷渣器等几种。根据系统布置的不同，冷渣器又分为单流化床式和多流化床式两种。

166. 简述风水联合冷渣器的结构。

答：风水联合冷渣器采取绝热钢板结构，外部采用保温材料（如石棉等）进行绝热处理，内部铺设耐磨耐火浇注料以防止灰渣磨损钢板，在冷渣器内部分为2个隔仓，中间有分隔墙（内部有风管道穿过）隔墙左侧是第3室，布置有水冷受热面，它是冷渣器的最后一个仓室，它的出口即是冷渣器的主排渣口。隔墙右侧分为2个室：第1室是个空室（也被称为"预混室"或"预分离室"），第2室也布置有水冷受热面。在3个室的下部是布满风帽的布风板，冷渣器的布风板是倾斜的，第1室与第2室的分界处和第3室中靠近分隔墙处分别设有1个大渣排渣口，该排渣口设在布风板的最低处，用来定期排出那些难以流化的颗粒较大的渣块。布风板下面是与第3个风室相对应的风联箱，各风联箱之间是互相独立的，风联箱的风来自罗茨风机，风联箱直接给分隔墙和第2室、第3室供风，分隔墙内的风经预热后进入第1室。其结构图见图2-14所示。

167. 简述风水联合冷渣器的工作原理。

答：当炉膛床下部床压升高时，操作员可根据炉膛运行状况和冷渣器运行状况开启排渣装置，向冷渣器内排渣。排出的高温渣经过排渣装置（L阀或锥形阀）从进渣口进入第1室，在流化风的作用下处于悬浮状态，在重力作用下，渣粒大的下沉，渣粒小的漂浮在上层，从而达到渣的初步分离；随着渣的排入，在流化风的作用下流化的渣很快进入第2室；并在第2室中与水冷受热面

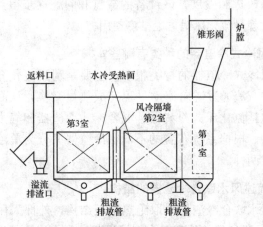

图 2-14　风水联合冷渣器结构

和流化风充分进行热交换，高于分隔墙的渣会翻过分隔墙溢流到第 3 室；渣在第 3 室中继续被水冷受热面和流化风冷却，在这个过程中渣始终处于沸腾状态，最终被冷却下来的渣经排渣管排出冷渣器，一部分细的灰渣被流化风从回灰管道带回到炉膛，继续参与物料循环。

168. 风水联合冷渣器存在的主要问题有哪些?

答：风水联合冷渣器存在的主要问题集中在冷渣器底渣复燃结焦，导致排渣不畅，排渣温度高，从溢流口排渣量小，埋管磨损严重，需要采取有效的防磨措施；冷渣器的调节性能有待提高等问题。

169. 导致风水联合冷渣器排渣困难的主要原因是什么?

答：导致风水联合冷渣器排渣困难的主要问题是煤的粒度没有达到设计要求，冷渣器底渣平均粒径过大，导致流化风量相对不足，造成了冷渣器内流化不良，炉渣无法通过冷渣器第 2 室进入第 3 室溢流出去，造成大量床料在冷渣器第 1 室的斜坡上堆积，阻碍炉膛内的床料进入冷渣器，使排渣困难，在排渣口附近造成低温结焦，同时大渣块堆积在冷渣器大排渣口处无法排出。

170. 风水冷渣器有哪些特点？

答：风水冷渣器的特点有：

（1）煤种适应性强。

（2）出口渣温低于150℃。

（3）体积小，容易布置。

（4）降低底渣可燃物。

（5）利用锥形阀控制排渣。

171. 风水联合冷渣器的作用有哪些？

答：风水联合冷渣器的作用有：

（1）加热给水，起省煤器的作用。

（2）加热空气，起空气预热器的作用。

（3）降低热渣温度，满足输渣系统中设备安全的要求。

（4）同时加热水和空气。

（5）保持炉膛存料量和良好的流化。

（6）细颗粒分选回送，提高燃烧和脱硫效率。

172. 简述水冷螺旋冷渣器的工作原理。

答：循环流化床锅炉的灰渣进入水冷绞笼后，在两根相反转动的螺旋叶片的作用下，做复杂的空间螺旋运动。运动着的热灰渣不断地与空心叶片、轴及空心外壳接触，其热量由在空心叶片、轴及空心外壳内流动的冷却水带走。最后，冷却下来的灰渣经出口排掉，完成整个输送与冷却过程。

173. 水冷螺旋冷渣器有哪些优点？

答：水冷螺旋冷渣器的优点是：体积小、占地面积和空间小、容易布置（布置在锅炉本体下部）、冷却效率较高等。而且这种装置由于不送风，故灰渣再燃的可能性很小。

174. 水冷螺旋冷渣器的缺点有哪些？

答：水冷螺旋冷渣器的主要缺点有：①对金属材料要求高，制造工艺比较复杂，设备投资大；②由于很难达到选择性排渣，使石灰石利用率和燃烧效率降低，增加了运行成本；③由于螺旋冷渣器较长，中间一般不设支撑轴承，如果运行中被金属条或其他杂物卡死，易造成断轴等机械故障。

175. 简述再循环烟气、水冷冷渣器的工作原理。

答：再循环烟气、水冷冷渣器是利用引风机出口经过升压的低温烟气作为冷渣器内热渣的流化介质，这部分烟气带出灰渣中的部分热量和携带部分细灰，再经过冷渣器回风管送回炉膛中，在冷渣器内部设置有水冷管束，与低温烟气一起来冷却灰渣。

176. 循环流化床锅炉底渣处理系统的主要作用有哪些？

答：底渣处理系统是流化床锅炉的重要辅助系统，对流化床锅炉的连续、可靠、经济运行和文明生产起着重要作用。底渣处理系统的主要作用有：

（1）实现锅炉底渣排放连续、均匀、可控。

（2）回收高温底渣 2/3 以上的物理热，降低底渣可燃物含量，提高锅炉热效率 0.5%～3.5%。

（3）保持灰渣特性，便于综合利用。

（4）高温灰渣被冷却到 150℃ 以下，以采用机械式或气力式输送灰渣。

（5）减少高温灰渣热污染，改善劳动条件，消除安全隐患。

177. 循环流化床锅炉为什么要使用冷渣装置？

答：从流化床锅炉中排出地高温灰渣会带走大量地物理热，从而恶化现场运行条件，灰渣中残留地 S 和 O 仍可以在炉外释放出 SO_2 和氮氧化物，造成环境污染。对灰分高于 30% 地中低热值燃料，如果灰渣不经冷却，灰渣物理热损失可达 2% 以上，这一部分通过适当地传热装置是可以回收利用的。另一方面，炙热灰渣的处理和运输十分麻烦，不利于机械化操作。一般的灰处理机械可承受的温度上限大多在 150～300℃ 之间，故灰渣冷却是必需的。为了控制床内存料量和适当床高，防止大渣沉积，保持良好流化条件，从而避免结焦，就必须对放渣程序、时机和流量进行控制。此外，低渣中也有很多未完全反应的燃料和脱硫剂颗粒，为进一步提高燃烧和脱硫效率，有必要使这部分细颗粒返回炉膛。而这些方面的操作均需要在冷渣器装置中完成。

178. 点火增压风机的作用是什么？

答： 循环流化床锅炉采用床下点火方式时，设有点火风道和点火风机，在锅炉点火时，为保证油燃烧器的燃烧用风，其压头要高于一次风在点火风道中的压头，这样才能保证油燃烧器的火焰和产生的热量向前运动，以取得良好的加热效果。点火风机的作用就是从点火后部向点火风道中送风。它的进风是热或者冷一次风，只是起到加压的作用。由于其使用时间少，且只是给一次风加压，因此其功率和容量都较小。

179. 播煤风机的作用是什么？

答： 循环流化床锅炉在燃烧时，其下部密相区是正压运行，从给煤机下来的煤很难顺利进入炉膛，播煤风机产生的高压风通过落煤管，使给煤机下来的煤能顺利地进入炉膛并在炉膛内播撒开，使其在炉内均匀地和热物料混合，从而使煤在炉内着火更迅速，使锅炉地床温变化更均衡。播煤风机地风源来自热一次风，由于其用量很小，且也只是起到加压地作用，所以其容量和功率都较小，有些机组没有播煤风机，而是直接由一次风作为播煤风。

180. 罗茨风机的结构及特点是什么？

答： 罗茨风机是两个相同转子形成地一种压缩机械，转子地轴线互相平行，转子中的叶轮与叶轮、叶轮与机壳、叶轮与墙板留有微小的间隙，避免相互接触，构成进气腔与排气腔互相隔绝，借助两转子反向旋转，将体内气体由气腔送至排气腔，达到鼓风的作用。由于叶轮之间、叶轮与机壳、叶轮与墙板均存在很小的间隙，所以运行时不需要往气缸内注润滑油，也不需要油气分离器辅助设备。由于不存在转子之间的机械摩擦，因此具有机械效率高、整体发热少、使用寿命长等优点。罗茨风机是比较精密的设备，平时保养要注意入口过滤器的清扫和更换，以及室内空气的干净与畅通，并且润滑要有保证。

罗茨风机是容积式风机，其风量随转速的增减而增减，风压与电流相关，即流量受被压影响小。返料阀正是利用了罗茨风机的这个特点来实现松动风的定流量调解。在运行时，应注意风机的排风压力在标牌数值以下，以免损坏其内部的压力部件。

181. 给煤机的作用是什么？都有哪些形式？

答：给煤机是指将破碎后合格的煤送入流化床的装置，通常有皮带给煤机、链条给煤机、刮板给煤机、圆盘给煤机和螺旋给煤机等形式。

182. 给煤机的数目是如何规定的？

答：根据德国一些国家的经验，给煤点的数目可以从以下几个方面考虑：首先，煤和石灰石的给煤点数目均不宜少于 2 点；第二，从单个给煤点所负责的床截面积看，对循环床，每个给煤点负责 8～35 m² 床面；

第三，根据燃料性质不同，给煤点数也有所不同，如对高挥发煤种，给煤在床高方向的位置一般放在密相区下方，并参考系统压力平衡来决定。

183. 皮带式给煤机的优缺点主要有哪些？

答：皮带式给煤机一般采用较宽的带裙边的胶带，它的主要优点是结构较简单、加料易于控制、给料均匀，可采用变速电动机改变胶带运行速度来控制给煤量。其缺点是当锅炉出现正压或不正常运行时，下料口会有火焰喷出，易把皮带烧坏。

184. 旋转给料机的工作过程是怎样的？

答：固体物料从进料口进入给料机壳内，叶轮旋转使固体物料在叶轮间隙内运动到出料口，从而排出物料。由于叶轮与机壳的间隙较小，可以有效地防止上部地风向下流动或下部地风向上流动，起到锁气器效果。调节叶轮的转速可以调节物料的排放量。旋转给料机动静间隙过小时易造成给料机工作不正常，主要是因为热膨胀造成的动静部件卡塞或大块物料卡住。

185. 吹灰器一般分为哪几种形式？所使用的介质有哪些？

答：锅炉采用的吹灰器有枪式吹灰器、震动式吹灰器、钢珠吹灰器、超声波吹灰器等。所使用的介质有过热蒸汽、压缩空气等。

186. 枪式吹灰器的结构及其工作过程是怎样的?

答:枪式吹灰器分为全伸进式、半伸进式和旋转式。在高温区多采用全伸进式和半伸进式,在低温区多采用旋转式。枪式吹灰器采用过热蒸汽作为吹灰介质。电动机经减速器带动空心轴转动,空心轴一端连接在蒸汽引入管上,另一端装有喷嘴头,喷嘴头上有喷孔。吹灰时空心轴被推入烟道中,并自动打开蒸汽阀门引入蒸汽,喷嘴头上的喷孔在转动中喷出过热蒸汽直接吹扫受热面,并通过过热蒸汽的内能和生产的冲击动能清除结渣和积灰,同时通过气流将灰渣吹走。吹灰完毕后,将喷嘴头退出烟道,以避免烧坏。

187. 什么是静电除尘器?由哪几部分组成?

答:静电除尘器是利用电晕放电,使烟气中的灰粒带电,通过静电作用进行分离的装置,由放电极、收尘极、高压直流供电装置、振打装置和外壳组成。

188. 电接点水位计的构造及工作原理是什么?

答:电接点电水位计由水位容器、电极、测量显示器和测量线路组成,工作原理是利用汽与水导电率的不同来测量水位。

189. 单式平衡容器水位计的组成及工作原理是什么?

答:单式平衡容器水位计由水位——压差转换装置(平衡容器)和差压测量仪表两部分组成。平衡容器将水位的变化转换成压差的变化,用差压计测出压差,并将压差转换成电信号,显示出水位。

190. 什么叫磨损?

答:由于机械作用偶伴有化学或电的作用,物体工作表面在相对运动中不断损耗的现象称为磨损。

191. 按机理不同,磨损一般可分为哪几种?

答:按机理不同,磨损一般可分为黏着磨损、磨料磨损、腐蚀磨损、接触疲劳磨损、冲蚀磨损、微动磨损等。

192. 磨损与哪些因素有关？

答：磨损与固体物料浓度、速度、颗粒的特性和流道几何尺寸、形状等密切相关。

193. 什么是耐火浇注料？它与烧成砖相比有哪些特点？

答：耐火浇注料实质上就是耐火混凝土。耐火浇注料与烧成的耐火砖相比，在性能上有以下特点：

（1）荷重软化温度比同质耐火砖低得多。

（2）线膨胀系数较小，因结合剂在加热过程中产生烧结收缩作用，能抵消一部分骨料在加热时的膨胀。

（3）温度急变抵抗性好，冷热交换次数可在 15 次以上，比同质耐火砖好。

（4）重烧线改缩一般比耐火砖大。

（5）整体性能比耐火砌体要好。

194. 自平衡双路回料阀具有哪些特点？

答：自平衡双路回料阀是为了解决大容量循环流化床炉膛返料点有限、产生混合不均的问题而设计的一进二出返料阀，它与单路返料阀特性一致：①自平衡回灰，无须运行控制。②供风简单，系统简化。③结构简单，运行可靠。④一进二出结构，回料均匀。

195. 破碎筛分系统的组成和流程是什么？

答：一般的系统结构与流程为：粗筛，一级破碎，干燥，细筛，二级破碎，以及相应的旁路系统。根据所燃烧煤质的不同情况，也有不设干燥、细筛分设备，而只设一级筛分与破碎设备。

196. 对石灰石粒径如何要求？

答：一般小于 1mm。

197. 石灰石风机的作用是什么？

答：因石灰石粒度一般要求在 0~1mm，且具有较大的密度，因此要设置专门的石灰石风机将石灰石送入炉膛。石灰石风机为石灰石送入炉膛的风提供动力。

198. 在燃用什么煤种时不宜使用齿辊式破碎机?

答：循环流化床锅炉发电厂原煤破碎设备应用较多的是环锤式破碎机。目前，因为齿辊式破碎机具有过粉碎量少、噪音低、振动小、粉尘少、功耗低、不易黏堵等特点逐渐开始应用。其优点是功耗低、细颗粒比例小；缺点是破碎能力弱，即经过齿辊式破碎机后的平均粒度偏粗。它适用于燃用热值高的燃料的流化床锅炉，特别是烟煤或褐煤。

199. U形阀的结构是怎样的?

答：U形阀是自平衡式的非机械阀，阀的底部布置有一定数量的风帽，阀体由隔板和挡板分成三部分。隔板的右侧与立管连通，左侧为上升段，两侧之间一长方形孔口使物料通过。它采用的是气体推动固体颗粒运动，无须任何机械转动部件，由一个带溢流管的鼓泡流化床和分离器的料腿组成，采用一定压力的空气，推动物料返回炉膛。

200. U形阀的作用是什么?

答：U形阀的作用有：

（1）保证物料返回的稳定性，从而使燃烧室、分离室和返料装置等组成的固体颗粒循环回路工作正常。

（2）保证物料流量的可控，从而调节燃烧工况，对燃烧效率、床温及锅炉的负荷都有影响。在大型CFB机组中，因为采用罗茨风机作为高压流化风，从而使U形阀具有一定的自调节性能。

（3）防止炉膛内烟气返窜至旋风分离器，损坏设备。

201. 锅炉受热面发生爆破的一般原因有哪些?

答：锅炉受热面发生爆破的一般原因主要有：①磨损；②材质或焊接质量不合格；③锅炉严重超压；④炉内管壁结垢或腐蚀；⑤炉管长期过热等。

202. 循环流化床锅炉一次风机的作用是什么?

答：主要用于流化床料，并为了燃料提供初始燃烧空气。

203. 循环流化床锅炉二次风机的作用是什么？

答： 主要是为分级燃烧使燃料燃尽、控制炉温、抑制 NOx 的产生提供空气。

204. 循环流化床锅炉高压风机的作用是什么？

答： 作为在高温旋风分离器下部的回料阀的流化风。

205. 循环流化床锅炉高温旋风分离器的作用是什么？

答： 烟气从切向进入分离器筒体，烟气中所含较粗的颗粒物体在较大的离心力、惯性力、重力的作用下，甩向筒体并沿筒体壁落下。被分离的物料通过回路密封装置和回料管而返回流化床内，烟气中较细的飞灰与烟气一起通过分离器的中心管筒从分离器顶部进入锅炉的对流区域。

206. 循环流化床锅炉布风板的作用是什么？

答： 承受床料，保证等压风室区域内各处风压基本相等。布风板上有风帽，将流化空气均匀地分布到床层的整个截面。

207. 循环流化床锅炉吹灰器的作用是什么？

答： 保证受热面的清洁，提高传热效率，降低排烟温度，降低排烟损失。

208. 暖风器有什么作用？

答： 经暖风器加热，提高一、二次风风温，有利于防止空气预热器低温腐蚀，特别在冬季锅炉启动初期尤为重要。

209. 循环流化床锅炉燃油系统的作用是什么？

答： 将床温提高到主要固体燃料（煤）的燃烧温度；使固体燃料着火并保证初始燃烧阶段稳定性；必要时，在运行过程中，当固体燃料燃烧时，协助维持燃烧的稳定和锅炉负荷。

210. 采用膜式水冷壁有哪些优点？

答：（1）膜式水冷壁将炉膛严密地包围起来，充分保护炉墙，因为炉墙只需敷上保温材料及护板而不用耐火材料，所以简化了炉墙的结构，减轻了锅炉质量。

（2）炉膛密封好，漏风少，减少了排烟热损失，提高了锅炉热效率。

（3）安装快速方便。

（4）膜式壁抗拉强度较高，因此膜式壁燃烧室可以采用悬吊结构，这对大型锅炉的热膨胀处理和锅炉总体结构极为有利。

211. 联箱的作用有哪些？

答：在受热面的布置中，联箱起到汇集、混合、分配工质的作用，是受热面布置的连接枢纽。另外，有的联箱也用以悬吊受热面、装设疏水或排污装置。

212. 弹簧式安全阀是怎样工作的？

答：弹簧式安全阀工作原理是：依靠弹簧的力量将阀芯压紧在阀座上，使安全阀处于关闭状态，阀芯的下面受蒸汽向上顶起的力。正常运行时，弹簧向下的压紧力大于蒸汽向上推的力，阀芯的作用力大于弹簧的作用力，使阀芯顶起，安全阀排汽。通过阀杆上部的调节螺丝改变弹簧的松紧程度，就可调整安全阀的起座压力。

这种安全阀具有调节方便，体积小，质量轻，排汽能力大等优点。

213. 过热器有什么作用？其形式如何？

答：过热器可吸收高温烟气的热量，从而将饱和蒸汽加热为过热蒸汽。

过热蒸汽按照吸热方式分为对流过热器和辐射过热器。循环床中辐射过热器布置在燃烧室，常采用插屏结构或者悬吊结构。原奥斯龙公司采用一种水平布置在燃烧室中部的奥米伽管板过热器，也属于辐射过热器。对流过热器一般都设置在旋风筒到尾部的连接烟道内或在尾部烟道上部。对采用外置床的循环床，部分过热器用流化床埋管形式，放在外置床内。这种过热器不属于传统的对流型或辐射型过热器。

214. 喷水式减温器的结构及工作原理是什么？

答：喷水式减温器的结构是一个长联箱，分成前后两段，前段接蒸汽引入管，后段接蒸汽引出管。前段装有一个文丘里喷管，喷管的缩颈处开有很多喷水小孔。高温蒸汽从减温口进口段被引入文丘里管，而水经文丘里管缩颈处喷水孔喷入，形成雾状水珠与高速蒸汽充分混合，并经一定长度的套管，由蒸汽引出管引出减温器。由于蒸汽的温度很高所以能将水雾化并加热蒸发，从而使蒸汽的温度下降。

喷水减温器中引入的冷却水质量要求较高，以免污染蒸汽。一般采用给水冷却水。

215. 省煤器的作用有哪些？

答：省煤器是利用锅炉排烟余热来加热给水的热交换器，省煤器吸收排烟余热，降低排烟温度，提高锅炉效率。另外，由于进入汽包的给水经过省煤器提高了水温，减少了因温差而引起的汽包壁的热应力，从而改善了汽包的工作条件，延长了汽包的使用寿命。

省煤器分为光管式和翅片式。

216. 省煤器再循环门的作用是什么？

答：装省煤器再循环门的目的是在锅炉升火和停炉时，当中断给水时保护省煤器。因为在生火和停炉阶段，当不上水时，省煤器中的水是不流动的，高温烟气有可能把省煤器管烧坏。开启省煤器再循环门，利用汽包与省煤器工质密度差而产生自然循环，从而使省煤器得到冷却。

217. 什么叫空气预热器？其结构形式是什么？

答：利用锅炉排烟余热以加热燃烧用的空气的设备，称为空气预热器。采用空气预热器可以降低排烟温度，从而提高锅炉效率。

循环流化床目前采用的空气预热器有三种。多数循环流化床使用管式空气预热器，管式空气预热器又分为立管式和卧管式。少数循环床采用热管式空气预热器，它的优点是相对体积较小，适合大容量循环床。由于循环床一次风压较高，为避免漏风系数过大，用于循环床的回转空气预热器采用特殊分仓和密封方式。

例如某电厂管式空气预热器布置为：上面一级为二次风空气

预热器，下级为一次风空气预热器，预热器管为 $\phi40mm\times1.5mm$。烟气在管内自上而下流动，空气在外横向冲刷。二次风经过两个行程后进入二次风管，一次风经过三个行程进入一次风管，为便于更换和维修，分两组布置，上面一组两个行程，下面一组一个行程。

218. 螺旋给煤机的工作原理是什么？

答： 螺旋给煤机又称绞笼给煤机，它是由电动机通过减速器带动螺旋杆转动，螺旋杆上装有螺旋形的叶片，燃烧由落煤管落入绞笼内，通过螺旋杆转动将燃料送入炉膛。

219. 埋刮板给煤机由哪些主要部件组成？

答： 埋刮板给煤机由头部、刮板链条、中间观察段、中间段、中间落煤段、清扫段、尾部及驱动装置部分组成。头部是动力的输入部件，壳体内装有头轮、头轮轴，外伸端装有驱动大链轮。尾部壳体内装有尾部轴等，尾部端部装有断链保护口。驱动装置由电动机、减速器、柱销联轴器组成。

220. 埋刮板给煤机的工作原理是怎样的？

答： 煤在水平埋刮板给煤机中进行输送是依靠内摩擦力的作用而实现的。与刮板直接接触的一层物料，由于受刮板沿运动方向推力作用，被推着沿料槽底部向前滑动，这层物料通过料层间的推力大于物料与槽壁的外摩擦力时，整个物料层就随刮板链条一起向前运动。

221. 电除尘器有什么特点？

答： 电除尘器的除尘效率高达99%左右，它处理气体量大，烟气流速低，阻力小，运行费用也低。电除尘器的缺点是结构复杂，体积大，占地面积大，造价昂贵，维修也较复杂，对粉尘电阻有一定的要求。

222. 电除尘器的工作过程分几个阶段？

答： 电除尘的工作过程大致可分为尘粉荷电、收集灰尘粉、清除捕集的尘粒三个阶段。

223. 电除尘器的工作原理是什么？

答： 在电晕极和集尘极组成的不均匀电场中，以放电极（电晕极）为负极，集尘极为正极，并以 72kV 的高压直流电源（高压硅整流变压器将 380V 交流电整流成 72kV 高压直流电，由横梁通过电晕极引入高压静电场）产生。当这一电场的强度提高到某一值时，电晕极周围形成复电晕，气体分子的电离作用加强，产生了大量的正负离子。正负离子被电晕极中和，负离子和自由电子则向集尘极转移。当带有粉尘的气体通过时，这些带负电荷的粒子就会在运动中不断碰到并被吸附在尘粒上，使尘粉荷电。在电场力的作用下，尘粉很快运动到达集尘极（阳极板），放出负电荷，本身沉积在集尘板上。

在正离子运动中，电晕区理的粉尘带正电荷，移向电晕板，因此电晕极也会不断积灰，只不过量较小。收集到的粉尘通过振打装置使其跌落，聚集到下部的灰斗中由排灰电动机排出，使气体得到净化。

224. 吹灰器的汽源取自哪里？吹灰器共有几种具体类型？简述各种类型吹灰器的数量及安装部位。

答： 吹灰器的汽源取自低温再热器进口联箱。吹灰器共有三种类型：其中长伸缩式 10 只，安装在过热器和低温再热器烟道内；半伸缩式 8 只，安装在省煤处；固定回转式 16 只，安装在空气预热器处。

225. T 形风帽改造办法是什么？

答： 原风帽结构不合理，经常发生磨损现象，其损坏的部位在风帽与风管结合部。由于风管只有 3mm 厚，经机械加工螺纹后只有 1.5mm，风带着炉渣将风帽头与风管结合部很快磨断，造成直接通风产生无风帽头而漏渣。漏渣量越大，风帽磨损就越严重，风帽磨损严重后反而导致漏渣严重，使两者之间恶性循环，给锅炉燃烧及调整带来困难，严重地影响着机组安全经济运行。其改造方法是把风帽及风管处地螺纹段取消改为一体，并加厚了原风管地壁厚，由 3mm 改为 7mm，从而防止风帽断头现象的发生，经过运行考证磨损很轻，漏渣量明显减轻。

226. 目前配 CFB 的滚筒冷渣器有几种？

答：可归纳为三种：螺旋滚筒、百叶滚筒和多管滚筒。

螺旋滚筒的结构特点是滚筒内壁焊接螺旋状叶片。百叶滚筒的结构特点是滚筒内壁不仅密布螺旋叶片，且在螺旋叶片间密布纵向叶片，使叶片纵横交错呈牛百叶状。多管滚筒（也称蜂窝滚筒）的结构特点似简单管壳式换热器，渣走管内，水在管外。

多管滚筒目前有水平型（其轴线是水平的）和倾斜型（其轴线与水平倾斜）两种。

227. 滚筒冷渣器有无爆炸危险？

答：有爆炸危险。国内迄今至少发生过三起滚筒冷渣器爆炸事故。其原因都是冷渣机临时停运并投运时，全关死的冷却水进出口阀门忘记打开，导致滚筒水腔的冷却水汽化超压而将筒壳焊缝撕裂。

如某电厂夜间维修进出冷却水的旋转水接头时，停机后将进出水阀门都关死，事毕再投运时忘记打开进出水阀门，待检修人员离去不久便发生滚筒爆炸。

228. 灵式滚筒冷渣器有无防止爆炸的安全措施？

答：灵式滚筒冷渣器有两级防爆安全保护。第一级是当滚筒水腔失压（未打开供水阀门）或超压（水腔汽化）时，电气自控滚筒停转（使热渣停进会避免爆炸）并报警；当第一级失灵而出现水腔超压时，其安全阀动作而泄压作为第二级安全保护。

229. 锅炉运行调整的主要任务是什么？

答：（1）保持锅炉蒸发量在额定值内，并满足机组负荷的要求。

（2）保持正常的汽压、汽温、床温、床压。

（3）均匀给水，维持正常水位。

（4）保证炉水和蒸汽品质合格。

（5）保持燃烧良好，减少热损失，提高锅炉热效率。

（6）及时调整锅炉运行工况，尽可能维持各运行参数在最佳工况下运行。

230. 循环流化床锅炉运行调整的任务是什么?

答:(1) 保持锅炉的蒸发量在额定值内,满足汽轮机的需要。

(2) 保持正常的汽温及汽压。

(3) 均匀给水保持水位正常。

(4) 保证蒸汽品质合格。

(5) 保持燃烧良好,提高锅炉效率。

(6) 保证锅炉机组安全运行。

(7) 保证烟气含尘浓度、SO_2、NOx 的排放符合标准要求。

231. 循环流化床锅炉一般都设有哪些保护?

答:除了煤粉炉常用的炉膛压力、汽包水位、气压、锅炉炉膛安全监控系统(FSSS)、风机连锁保护外,还有床温、流化风量、旋风分离器出入口烟温保护等。

232. 循环流化床锅炉一般都设有哪些自动控制?

答:除了汽水侧的汽包水位、气温自动调节外,流化床锅炉实现了气压(给煤量)、床温(一次风量)、氧量(二次风量)、炉膛压力(引风机)和床压(排渣量)自动控制。

233. 循环流化床锅炉飞灰含碳量为何偏大?

答:循环流化床锅炉飞灰含碳量偏大的原因:煤筛分——破碎系统不能保证煤的粒径范围和颗粒分布特性满足要求;分离器效率达不到设计值,降低了循环倍率;炉膛的燃烧温度偏低;炉膛氧量偏低且分布不均匀。

234. 降低循环流化床锅炉飞灰含碳量的措施有哪些?

答:(1) 保持较高的床温。

(2) 提高二次风的穿透力。

(3) 保证煤的粒径范围和颗粒分布特性满足设计要求。

(4) 在保证流化的前提下,降低一次风量,保证较大颗粒的煤在炉膛内进行多次内循环。

(5) 保持炉膛压力微正压运行,延长煤粒在炉膛内的时间。

（6）保证具有足够的空气过量系数。

（7）保证较高的分离器效率，检查返料风是否超量，防止分离器料脚烟气返窜。

235. 为什么循环流化床锅炉不易长时间在低负荷下运行？

答：（1）低负荷运行时，床料流化差，易造成局部结焦。

（2）在很低负荷下，由于床温下降较多，物料循环量大大减少，燃烧效率大大降低。

（3）由于低负荷不易投石灰石，排烟温度较低，低温受热面腐蚀严重，排放超标，失去 CFB 锅炉脱硫的优越性。

（4）低负荷时厂用电率太高，运行不经济。

236. 循环流化床锅炉床面结焦有哪些表现？

答：（1）床温急剧升高。

（2）氧量指示下降甚至到零。

（3）一次风机电流减小，风室分压高且波动大、一次风量减少。

（4）炉膛负压增大，引风机电流减小。

（5）排渣困难或排不下渣。

（6）若为低温结焦，则床温、床压分布不均，偏差过大，床压、风室压力、床温不正常，局部床温测点不正常升高或降低。

（7）床压指示值波动很小。

237. 造成电除尘气流分布不均的原因有哪些？

答：造成电除尘气流分布不均的原因是：

（1）由锅炉而引起的分布不均。

（2）在烟道中摩擦引起的紊流。

（3）由于烟道弯头曲率半径小，气流转弯时因内侧流速大大减小而形成的扰动。

（4）粉尘在烟道中沉积过多使气流产生紊乱。

（5）进口烟气扩散太快使中心流速高引起流速分布不均。

（6）锅炉漏风等。

238. 气流分布不均对电除尘的影响有哪些？

答：气流分布不均对电除尘的影响有：

（1）在气流速度不同的区域内捕集到的粉尘量不一样，气流速度低的地方电除尘效率高。总体上讲风速过高的影响比风速低的影响更大。

（2）局部气流速度高的地方出现冲刷，产生二次飞扬。

（3）振打清灰时通道内气流的紊乱，打下来的粉尘被带走。

（4）除尘器一些部位积灰反过来进一步破坏气流的均匀性。

239. 电除尘电场产生二次飞扬的原因有哪些？

答：电除尘电场产生二次飞扬的原因有：

（1）高比电阻粉尘的反电晕会产生二次飞扬。

（2）烟气流速过高会产生二次飞扬。

（3）气流分布不均产生二次飞扬。

（4）振打频率过快，使粉尘从粉尘极板上落下时呈粉末状而被烟气带走，产生一次飞扬。

（5）电除尘本体漏风或灰斗出现旁路气流带走粉尘而产生二次飞扬。

240. 怎样防止电除尘器电场产生二次飞扬？

答：防止电除尘器电场产生二次飞扬的措施有：

（1）使电除尘器内部保持良好的气流分布。

（2）使设计出的收尘电极具有充分的空气动力学屏蔽性能。

（3）采用足够数量的高压分组电场并将几个分组电场串联。

（4）对高压分组电场进行轮流均衡地振打。

（5）严格防止灰斗中的气流有环流现象和漏风。

241. 电除尘器技术参数有哪些？

答：电除尘器技术参数包括自由断面积、电场数量、电场长度、电极高度、极线距离和极板形式等。

242. 什么叫电火花放电？其特征是什么？

答：在产生电晕放电后，当极间的电压继续升高到某一值时，两值间产生一个接一个的、瞬间的、通过整个间隙的火花闪络和噼啪声，闪络是沿着各个弯曲的或多或少成枝状的窄路贯通两极，这种现象称为火花放电。其特征是电流迅速增大。

243. 电场闪络频繁、除尘效率降低的原因是什么?

答：隔离开关、高压电缆、阻尼电阻、支持绝缘子等处放电，控制柜火花率没有调好，前电场的振打时间周期不合适，电场内部有异常放电点，烟气工况波动大。

244. 耐火材料磨损的原因是什么?

答：(1) 热应力和热冲击造成的磨损。热应力和热冲击造成的磨损主要表现为温度循环波动、热冲击以及机械应力致使耐火材料产生裂缝和剥落。

(2) 固体物料冲刷造成的磨损。固体物料冲刷造成的磨损主要表现为物料对耐火材料强烈冲刷而导致的破损。循环流化床锅炉内耐火材料易磨损区域壁包括边角区、旋风分离器和固体物料回送管路等。一般情况下，耐火材料磨损随冲击角的增大而增大。

(3) 耐火材料性质变化造成的磨损。耐火材料性质变化造成的磨损主要表现为耐火材料变质和理化性能降低导致的破坏。主要表现为：碱金属的渗透造成的耐火材料变质，有些耐火材料与结合剂强度降低，有些烘炉没有达到要求，引起衬里分层和崩溃。

245. 燃烧室磨损的原因是什么?

答：在循环流化床锅炉中，正常运行时燃烧室温度常达到 $850\sim950℃$。为适应快速负荷变化或调峰的需求，经常会出现负荷波动而发生热和温度上下波动，或者由于调峰需求而进行启动或停炉。燃烧室内温度的变化、压火和热启动产生的热冲击，以及热应力都会使耐火材料遭受到破坏。炉膛部分一般采用厚炉衬，干燥时的收缩、热振、应力下的塑性变形都会产生裂缝。不锈钢纤维虽然有助于减少裂缝，但不能彻底解决问题。过度的裂缝和挤压剥落将引起耐火材料毁坏。

246. 旋风分离器磨损的原因是什么?

答：一般情况下，炉膛顶部及分离器入口段、旋风筒弧面与烟道平面相交部位是可能磨损的主要部位。由于烟气发生旋转，物料方向改变,速度高且粒度粗、密度大,因此很容易发生磨损。同时,该部位耐火材料较厚,一般情况下又不均匀,温度梯度也不均匀,加之经受 900℃ 左右甚至更高的高温,因此过度的热冲击会引起衬里材料的裂缝,造成耐磨材料的破坏。另外,分离器筒体和锥体都承受着相当恶劣的工作条件,承受温度变化的热冲击、温度循环变化及磨损等。对许多衬里来说,反复的热冲击、温度循环变化、磨损和挤压剥落等共同导致了大面积损坏。当裂纹或磨损发生时,表面更粗糙或有凸起,磨损速度将进一步加快。对于旋风分离器下部的锥体,由于面积逐渐缩小,物料汇集密度增大且粒度较大,加上物料下落速度较快,可能造成快速磨损。

247. 立管及返料器磨损的原因是什么?

答:热冲击及颗粒循环变化常会导致立管和返料器的磨损。施工质量问题也会导致立管和返料器磨损,如模板之间不光滑过渡造成的内壁不光滑,直段与锥段的结合处的不光滑过渡、膨胀缝破坏处等。

248. 膨胀节的磨损及预防措施是什么?

答:在循环流化床锅炉中,有两种重要的膨胀节(返料腿膨胀节和旋风分离器进口膨胀节),这是为了补偿膨胀差异而设置的。当膨胀节超过设计间隙或其间隙内进入高温物料时,或造成膨胀节处耐火材料摩擦或受力挤压而损坏。如果大量的高温物料进入膨胀节内,将加剧磨损,甚至直接烧毁金属物件,造成锅炉无法运行。

预防措施有:根据运行经验和膨胀核算耐火材料间隙,制作专用的模具,在耐火材料中加耐磨钢针,对膨胀节内加硅酸盐材料进行填充结实。

249. 目前在循环流化床锅炉防磨问题上采取的主要技术措施有哪些?

答:循环流化床锅炉的固有特性决定了其对设备的磨损是不可避免的,为了保证锅炉长期安全稳定运行,采取的主要技术措施有:

(1) 选用合适的防磨材料、合理设计磨损部件结构;

（2）金属表面特殊处理技术、增加防护套、合理施工等。

250. 如何选择适合循环流化床锅炉使用的金属材料？

答：设计循环流化床锅炉时，使用的材料既要成本低，又要满足锅炉运行的要求。碳钢和合金钢最重要的用途是制作锅炉的承压管，这些管子通常以各种复杂的结构布置，包括膜式水冷壁、过热器、再热器、省煤器、对流管束，支撑管束的吊挂管，较特殊的管子（包括流化床换热器管束、燃烧室上的悬挂屏、燃烧室的管屏、水冷或气冷的旋风分离器等）。

优化选材时还应遵循以下原则：

（1）低碳钢和合金钢用于氧化性气氛下的传热耐压件和其他结构件，如膜式壁、对流管束、悬挂屏等。

（2）对有腐蚀或还原性气氛的区域，采用在金属材料上加内衬或涂耐火材料的方法，如在燃烧室底部、旋风分离器入口和循环回路的返料阀等处。

（3）锅炉大型部件（例如旋风分离器和燃烧室）之间用有调节胀差性能的材料，如采用膨胀节等。

251. 流化床锅炉如何解决因防磨而减少受热面的缺陷？

答：解决办法有：

（1）在炉膛内部加装双面水冷壁；

（2）采用蒸汽冷却式旋风分离器；

（3）装置外置式流化床换热器等。

252. 什么是离心式风机？

答：风机在工作中，气流由风机轴向进入叶片空间，然后在叶轮的驱动下，一方面随叶轮旋转，另一方面在惯性的作用下提高能量，沿半径方向离开叶轮，靠产生的离心力来做功，这种风机称为离心式风机。

253. 离心式风机的工作原理是什么？

答：离心式风机是根据动能转换为势能的原理，利用高速旋转的叶轮将气体加速，然后减速、改变流向，使动能转换成势能（压力）。在单级离心风机中，气体从轴向进入叶轮，气体流经叶轮时改变成径向，然后进入扩压器。在扩压器中，气体改变了流动方向并且管道断面面积增大使气流减速，这种减速作用将动能转换成压力能。压力增高主要发生在叶轮中，其次发生在扩压过程。在多级离心风机中，用回流器使气流进入下一叶轮，产生更高压力。

254. 离心式风机有哪些优缺点？

答：离心式风机的优点是：结构简单，工作可靠，维修工作量小，风压较高，在额定负荷时效率较高。

离心式风机的缺点是：负荷较小时效率较低，体积较大。

255. 什么是轴流式风机？

答：轴流式风机就是风机在运转时气流沿着轴向进入风机室，又沿着轴向流出的风机。

256. 轴流式风机的工作原理是什么？

答：轴流式风机的工作原理是：当风机叶片高速旋转时，气体被风机叶轮轴向吸入，同时又沿轴向压出，在叶轮的推、挤作用下而获得能量，然后经导叶、扩压器进入工作管道进行做功。

257. 轴流式风机有哪些优点？

答：轴流式风机的优点是：

（1）在同样的流量下，风机体积可以大大缩小，占地面积小。

（2）轴流式风机叶轮上的叶片可以做成能够转动的，在调节风量时，借助转动机构将叶片的角度改变，可达到调节目的。

（3）风机的效率高。轴流式风机调节叶片转动后，调节的风量可以在新的工况最佳区工作。

（4）轴流式风机高效工况区比离心式风机工作范围宽。

（5）轴流式风机重量轻，节约材料，制造方便。

258. 轴流式风机有什么缺点？

答：轴流式风机的缺点有：风压较低，叶片角度可调式轴流风机构造复杂，维护工作量大，轴流式风机的最高效率比离心式风机略低。

259. 为什么说轴流式风机的工作范围比离心式风机宽?

答：轴流式风机高效工况区比离心式风机高效工况区宽广，所以工作范围较宽。

260. 什么叫螺杆空压机?

答：螺杆空压机是一种工作容积作回转运动的容积式气体压缩机械。气体的压缩依靠容积的变化来实现，而容积的变化又是借助压缩机的一对转子在机壳内做回转运动来达到。

261. 简述螺杆压缩机的基本结构。

答：螺杆压缩机的基本结构：在压缩机的机体中，平行地配置着一对相互啮合的螺旋形转子，通常把节圆外具有凸齿的转子，称为阳转子或阳螺杆。把节圆内具有凹齿的转子，称为阴转子或阴转子，一般阳转子与原动机连接，由阳转子带动阴转子转动转子上的最后一对轴承实现轴向定位，并承受压缩机中的轴向力。转子两端的圆柱滚子轴承使转子实现径向定位，并承受压缩机中的径向力。在压缩机机体的两端，分别开设一定形状和大小的孔口。一个供吸气用，称为进气口；另一个供排气用，称作排气口。

262. 简述螺杆式空气压缩机的工作原理。

答：螺杆空压机工作原理：螺杆空压机的工作循环可分为进气、压缩和排气三个过程。随着转子旋转，每对相互啮合的齿相继完成相同的工作循环。

（1）进气过程：转子转动时，阴阳转子的齿沟空间在转至进气端壁开口时，其空间最大，此时转子齿沟空间与进气口相通，因在排气时齿沟的气体被完全排出，排气完成时，齿沟处于真空状态，当转至进气口时，外界气体即被吸入，沿轴向进入阴阳转子的齿沟内。当气体充满了整个齿沟时，转子进气侧端面转离机壳进气口，在齿沟的气体即被封闭。

（2）压缩过程：阴阳转子在吸气结束时，其阴阳转子齿尖会与机壳封闭，此时气体在齿沟内不再外流。其啮合面逐渐向排气端移动。啮合面与排气口之间的齿沟空间渐渐变小，齿沟内的气体被压缩压力提高。

（3）排气过程：当转子的啮合端面转到与机壳排气口相通时，被压缩的气体开始排出，直至齿尖与齿沟的啮合面移至排气端面，此时阴阳转子的啮合面与机壳排气口的齿沟空间为 0，即完成排气过程，在此同时转子的啮合面与机壳进气口之间的齿沟长度又达到最长，进气过程又再进行。

263. 螺杆式空气压缩机有哪些优点？

答：螺杆空压机优点：

（1）可靠性高。螺杆压缩机零部件少，没有易损件，因而它运转可靠，寿命长，大修间隔期可达 4 万～8 万 h。

（2）操作维护方便。操作人员不必经过专业培训，可实现无人值守运转。

（3）动力平衡性好。螺杆压缩机没有不平衡惯性力，机器可平稳地高速工作，可实现无基础运转。

（4）应性强。螺杆压缩机具有强制输气的特点，排气量几乎不受排气压力的影响，在宽广范围内能保证较高的效率。

（5）相混输。螺杆压缩机的转子齿面实际上留有间隙，因而能耐液体冲击，可压送含液气体，含粉尘气体，易聚合气体等。

264. 螺杆式空气压缩机有什么缺点？

答：螺杆式空气压缩机缺点：

（1）造价高。螺杆式空气压缩机的转子齿面是一空间曲面，需利用特制的刀具，在价格昂贵的专用设备上进行加工。另外，对螺杆空气压缩机气缸的加工精度也有较高的要求。

（2）不适合高压场合。由于受到转子刚度和轴承寿命等方面的限制，螺杆压缩机只能适用于中、低压范围，排气压力一般不能超过 3.0MPa。

（3）不能制成微型。螺杆式空气压缩机依靠间隙密封气体，目前一般只有容积流量大于 0.2m³/min 时，螺杆压缩机才具有优越的性能。

265. 压缩空气系统为什么要安装疏水门？

答：压缩空气系统在容积比较大的部位都装有疏水门，如中间冷却器、储气罐等。这是因为空气压缩机的工作介质是空气，空气在压缩机中反复做功，在系统中能结成水滴，由于冷却水管泄漏会使水进入空气中，润滑活塞油也会经常漏入空气中沉淀下来。这些水、油如果不及时放出会影响空气压缩机的工作效率和空气送出的质量。所以，通过装疏水门定期放水来保证压缩空气的品质。

266. 什么叫冲蚀？

答：流体或固体颗粒以一定的速度和角度对材料表面进行冲击所造成的磨损称为冲蚀。

第三章

循环流化床锅炉安装

第一节 循环流化床锅炉钢架的安装

267. 请介绍循环流化床锅炉钢架的施工工序。

答： 施工工序见图 3-1。

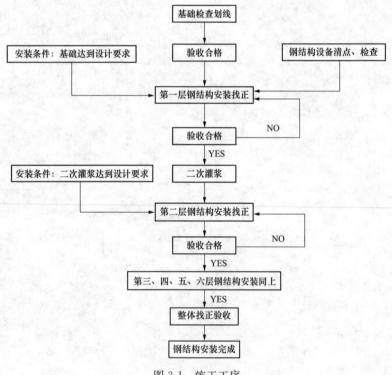

图 3-1 施工工序

268. 锅炉下部钢架安装前应完成哪些工作？

答： 锅炉下部钢结构安装前，对已经交接完的锅炉基础凿毛，轴线核对复查，并对基础预埋地脚螺栓丝扣用螺母进行逐个检查，看螺纹有无损坏，如发现有卡住现象及时处理。

269. 如何画悬吊式结构锅炉的 1m 标高线？

答： 悬吊式结构一般以大板梁标高或柱顶面的标高，确定立柱的 1 米标高点，并应根据设备技术文件的规定注意立柱压缩值。

270. 对立柱外观、节点接合面、焊缝进行哪些方面的检查？

答： 对立柱进行外观检查，应无裂纹、分层、撞伤等缺陷；节点接合面无严重锈蚀、油漆、油污等杂物；焊缝外观检查无裂纹和咬边情况等。

271. 锅炉钢架安装方向按什么原则施工？

答： 钢结构安装方向按由前向后由左至右的原则进行施工，根据锅炉尺寸及最重单件选择合适的主吊机械。

272. 如何进行立柱的吊装？

答： 立柱吊装：提前准备好柱头架子、爬梯、垂直拉索、揽风绳等，另外调整螺母全部安装并找好标高，1m 标高线以柱顶引下的尺寸为基准，并进行复核无误。柱子中心线用红色油漆做好相应标志。吊装采用厂家提供的专用吊板，由专业起重工跟车指挥吊车缓慢起钩，待立柱脱离地面大约 10mm 左右，查看立柱吊装件是否垂直，如不垂直，下面垫好木方，缓慢回钩至立柱落在木方上，调整后再次起钩，距离地面约 500mm 时，再次检查柱底板下部是否有泥污等杂质，如果有马上清理并扶立柱就位，采用柱底板上部螺栓固定就位，用四根揽风绳四个方向固定好立柱。然后以相同方法吊装相邻立柱，之后连接立柱之间的横梁。

273. 横梁尺寸检查的质量标准是什么？

答： 横梁尺寸检查须符合表 3-1 的要求。

表 3-1　　　　　　　　　横梁尺寸检查质量标准

横梁长度（mm）	质量标准（mm）
$L \leqslant 1000$	$0 \sim -4$
$1000 < L \leqslant 3000$	$0 \sim -6$
$3000 < L \leqslant 5000$	$0 \sim -8$
$L > 5000$	$0 \sim -10$

274. 第一段立柱、梁及支撑安装完毕，形成稳定框架后应进行哪些工作？

答：第一段立柱、梁及支撑安装完毕，形成稳定框架后，进行尺寸、标高调整，经验收合格并复测无误后，初紧各节点螺栓。第一层柱的标高以 1m 标高线为基准进行测量。其他各段柱顶标高从 1m 标高线向上用钢尺测量。应认真记录每根柱子的柱顶标高误差值，以便预防由于误差积累造成的严重超标发生，第一段钢结构找正完毕后，对基础进行二次灌浆。

275. 如何进行锅炉钢架高强螺栓的安装？

答：（1）高强螺栓应按预计的当天安装数量领取。高强度螺栓不得代用、串用，螺栓应清洁无损。构件定位应借助定位螺栓和过冲。定位螺栓数量不能小于该节孔数的 1/3，且不能小于两个，过冲不能多于定位螺栓的 30%。与螺栓头部接触的连接部分表面斜度不能超过螺栓轴线的 1/20，若斜度超过 1/20，应加斜垫。

（2）高强螺栓替换定位螺栓时先将高强螺栓穿入未装定位螺栓和过冲的孔中，注意垫圈有圆倒角的一面朝螺栓头方向，螺母带圆台一侧朝垫圈方向安装。穿入方向以施工便利为准，但要求一致。螺栓穿齐后抽出定位螺栓和过冲补齐高强螺栓。高强螺栓安装时严禁强行穿入，以免损伤螺纹。遇到不能穿入螺孔数小于 2个时，用绞刀修正，最大修整量应小于 2mm。为防铁屑落入板缝中，绞孔前将四周螺栓全部拧紧。当需扩孔数量较多时，征得设计人员答复后进行处理（施工中严禁气割扩孔）。进行钢结构质量复检合格后，终紧拧掉梅花头，对于无法拧掉梅花头的螺栓做好标记。

（3）高强螺栓的施拧需按一定顺序进行，同一连接面上的螺栓应由接缝中部向两端进行紧固。工字形构件的紧固顺序是：上翼缘→下翼缘→腹板。同一段柱上各梁柱节点的紧固顺序是：先紧固柱上部，再紧固柱下部，最后紧固柱中部。为了减小先拧紧与后拧紧的高强螺栓预拉力的差别，高强螺栓的拧紧必须分为初紧和终紧两步进行。

276. 第二段钢架在什么时间吊装？

答：锅炉第一段钢架安装完后，经验收合格且二次灌浆强度达到要求后进行第二段钢架吊装。

277. 在吊装钢架过程中应注意哪些问题？

答：在吊装钢架立柱过程中要注意：单根立柱吊装完成后必须按照要求打好 4 条揽风绳对立柱进行固定（揽风绳角度一般小于 $45°$），第一根和第二根立柱吊装后要吊装两根立柱之间的连接横梁，同时用揽风绳将吊装完的组件进行固定，逐件吊装形成稳定的"井"字框架后再进行扩散吊装，避免在吊装过程中出现孤柱。吊装出现孤柱情况，必须按照要求拉好 4 条揽风绳对立柱进行固定，防止立柱倾倒。

278. 在顶板梁画线时，必须进行哪些工作？

答：在顶板梁画线时，必须将顶板梁的纵横中心线、顶板梁两端与支座连接处纵横中心线划出，并做好标识，以便于顶板梁找正。

279. 顶板梁如何吊装？

答：（1）顶板梁使用腹板上焊接好的吊装吊耳，使用卡环将钢丝绳与吊耳连接。

（2）吊车拴好吊具确认无误后缓慢起钩，离开地面 100mm 时停止起钩，检查吊车情况及试刹车，确认一切正常后继续缓慢起钩；待顶板梁底面高度超出炉架顶层立柱柱头 200mm 后吊车向炉前方向转杆，当臂杆转至与就位置在同一直线时，然后调整吊车回转半径，到达顶板梁安装位置上方后履带吊开始落钩。待顶板梁即将与柱头接触时穿入螺栓，这时调整顶板梁的纵横中心线与柱顶中心线对齐，确认中心线偏差在《电力建设施工质量验收规程》（第 2 部分：DL/T 5210.2 锅炉机组）范围内后落钩，当顶板梁与支座全部接触后，停止落钩。此时，用扳手将螺母拧紧，在板梁两端端部支撑与已吊装完的钢梁之间拉设缆风绳，待缆风绳拉设完后方可脱钩。

第二节　循环流化床锅炉受热面的安装

280. 简述水冷壁施工工序。

答：水冷壁施工工序：设备的检查、通球、地面组合→水冷壁吊挂装置穿装→刚性梁预存→前墙水冷壁上部→左侧水冷壁上部→右侧水冷壁上部→前墙水冷壁中部→左侧水冷壁中部→右侧水冷壁中部→水冷壁上中部整体初步找正→上部、中部刚性梁安装→左侧水冷壁下部吊装就位→后墙水冷壁上部→后墙水冷壁中部→水冷蒸发屏安装→顶棚水冷壁吊装（缓装 7 小片）→前墙水冷壁下部上段→后墙水冷壁下部上段→风室水冷壁→前墙水冷壁下部下段→后墙水冷壁下部下段→右侧水冷壁下部吊装→顶棚水冷壁缓装件安装→下部及风室刚性梁安装→水冷壁整体找正→水冷壁上、下部连接管道安装。

281. 对联箱上接管座、吊耳等进行检查时应符合哪些要求？

答：检查联箱上接管座应无堵塞彻底清除"眼镜片"，检查吊耳数量、大小及相互间的位置尺寸是否符合图纸要求，检查吊耳孔与销轴的规格是否相符，检查敞口联箱内部是否清洁。

282. 如何进行联箱画线？

答：以管座为基准对联箱进行画线，若有偏差应适当调整，并打上样冲记号。参照图纸分清楚联箱的方向和正反，并在筒身上做好明显的标识，以免吊装时出错。

283. 对管子进行外观检查的项目有哪些？有什么要求？

答：检查管子外观有无裂纹、撞伤、压扁、砂眼、分层等缺陷，其允许麻坑深度应小于管子设计壁厚的 10%，且小于 1mm，管子外径、壁厚符合图纸要求，对单根管检查直段管长，弯曲角度。对膜式墙应检查其长度、宽度、对角线尺寸、平整度及平面度，要做好原始记录。并应对照图纸检查门孔、缆绳孔等位置是否正确。

284. 管子通球前后有什么要求？

答： 所有管子在组合前必须进行通球，通球前先对管子进行吹扫，通球后立刻进行管口封闭，不得有敞口现象。

285. 通球球径是如何规定的？

答： 通球用球径按表 3-2 通球试验的球径执行。

表 3-2　　　　　　　　　　　　通球试验的球径　　　　　　　　　　　mm

弯曲半径	管子外径		
	$60 \leqslant D_o < 76$	$32 < D_o < 60$	$D_o \leqslant 32$
$R \geqslant 2.5D_o$	$0.85D_j$	$0.80D_j$	$0.70D_j$
$1.8D_o \leqslant R < 2.5D_o$	$0.75D_j$	$0.75D_j$	$0.70D_j$
$1.4D_o \leqslant R < 1.8D_o$	$0.70D_j$	$0.70D_j$	$0.70D_j$
$R < 1.4D_o$	$0.65D_j$	$0.65D_j$	$0.65D_j$

注：D_j—管子内径（进口管子 D_j 应为实测内径，内螺纹管 D_j 应为 D。计算式为 $2 \times$ 壁厚 $-2 \times$ 螺纹高度）；D_o—管子外径；R—弯曲半径。

286. 合金钢设备是否进行 100% 光谱复查？复查无误后如何进行标记？

答： 所有合金钢设备必须进行 100% 的光谱复查，确认无误后的设备做上标记，避免与未标示设备混合。对标记不清的设备要求重新进行复查，确保设备材质准确。

287. 管子对口过程中应注意什么问题？

答： 在对口过程中注意检查受热面管的外径和壁厚符合图纸要求，若壁厚小于图纸要求最小壁厚 0.5mm 以上，做好记录，并在管子上做好标记，及时上报主管技术员。

288. 管排应什么地方组合？组合架搭设有什么要求？

答： 管排地面组合应在搭设的专门组合架上进行管排排列组

合，搭设要求平整、稳固，组合架平整度用水平管或水平仪进行测量来保证，组合架搭设大小能满足组合件组合的尺寸要求。

289. 水冷壁组合时如何确定其在组合架上的位置？

答： 在水冷壁组件组合前根据水冷壁尺寸，在组合架上画出位置，并在位置外缘处焊上限位块。

290. 水冷壁组件应达到什么要求才能进行焊接？

答： 将水冷壁组件按照图纸编号顺序吊装到水平的组合架上，用葫芦（或千斤顶）将组件位置进行调整，焊接前对该整片水冷壁总体外形尺寸、平整度、平面度进行验收，验收合格方能焊接。如有集箱，一定对集箱水平度找正验收，保证接管座对口时的平整度要求。最后根据最终确定的吊装位置火焊切割鳍片，保证吊耳能顺利穿过，且不能割伤管子。

291. 水冷壁管子对口有什么要求？

答： 水冷壁管子对口时，应按规定调整好焊口，要把对口处稍微起拱，对口间隙应均匀，管端内外 $10\sim15mm$ 处，应在焊前清除油垢和铁锈。对口时先对管口距离小的，再对距离大的，管件对口应做到内壁齐平；焊口顺序是中间焊一部分，然后两边各焊一部分，最后全部焊接完；对口需要切割鳍片时，必须注意手法，防止割伤管子，对口结束后满焊恢复。

292. 简述双面水冷壁的安装顺序。

答： 双面水冷壁的吊装要考虑炉膛内从左至右高再→双面水冷壁→高过→高再→高过→高过→双面水冷壁→二级中温→高再→二级中温→二级中温→双面水冷壁→二级中温→二级中温→高再→二级中温→双面水冷壁→高过→高过→高再→高过→双面水冷壁→高再。

293. 以某 350MW 机组为例，介绍循环流化床锅炉风室水冷壁的组合安装。

答： 风室水冷壁组合：上下段对口焊接组合成 12 小片。

风室水冷壁的安装，要配合后水的安装，后水焊口在风室水冷壁折弯点下方，要等后水焊口焊接完毕，再焊接风室水冷壁的前面焊口和下方焊口（这样就相互没有影响了），同时要兼顾炉膛内上方高再、双面水冷壁、高过、二级中温过热器的安装。

风室水冷壁安装完成后，最后安装右水下部组件。

地面组合时，同时安装墙箱、门孔、看火孔、缆绳孔等，并复查墙箱、门孔、看火孔、缆绳孔的定位是否与图纸一致。

294. 如何防止水冷壁组件吊装不变形？

答：水冷壁组件吊装要防止变形，考虑三车抬吊的方法，防止管屏弯曲变形。水冷壁组件吊装前，要在其下方设置吊装下段管屏的吊点，要分布均匀，考虑设备重量，且在下段管屏上设置相对应的点，方便上下段垂直吊挂，一定要在上方管屏吊点上临挂经检验合格的，能够载荷下方管屏的吊具（葫芦或滑轮组），所用吊具单件起重量一定要超过所吊挂管屏的重量，防止安全事故发生。组件吊装时，要有可靠的防变形措施，制作板直架子或是多车抬吊都能解决，吊装过程中时刻关注吊装过程，发现问题及时调整，确保管屏的平整度，平面度。

295. 吊杆吊装时在吊杆螺纹部分为何涂上黑铅粉（或喷上二硫化钼）？

答：吊杆吊装时在吊杆螺纹部分涂上黑铅粉（或喷上二硫化钼），防止生锈无法调整。

296. 介绍水冷壁刚性梁的安装。

答：水冷壁刚性梁是根据水冷壁上中下三部分进行吊装，并按照其标高抛挂在钢结构对应的水平框架上。等相关水冷壁初步找正后，将刚性梁复位安装。由于地面组合时做有标记，安装前先与基准引上来的标高进行校对，并注意与刚性梁附件间隙的偏差值。等水冷壁最终找正后安装刚性梁转角、锅炉导向装置等部件。

297. 简述包墙过热器的安装。

答：包墙过热器安装按由上及下的顺序分片吊装就位，后顶棚在吊装完后包墙后，分片吊装就位，先安装左右两侧各一片，然后安装单轨吊,单轨吊安装完成后,再逐件安装各片。顶棚过热器整体安装完成,安装炉顶刚性梁、平衡装置。单轨吊需用穿过管屏的钢板同刚性梁焊接在一起,以便省煤器吊装作业。

298. 简述二级中温过热器和高温过热器的吊装顺序。

答:二级中温过热器和高温过热器的吊装顺序按照炉膛内从左至右依次为:高再→双面水冷壁→高过→高再→高过→高过→双面水冷壁→二级中温过热器→高再→二级中温过热器→二级中温过热器→双面水冷壁→二级中温过热器→二级中温过热器→高再→二级中温过热器→双面水冷壁→高过→高过→高再→高过→双面水冷壁→高再的安装顺序配合吊装,顶棚水冷壁以同样的顺序配合吊装。

299. 简述省煤器的施工工序。

答:省煤器的施工工序:省煤器区域护板组合→省煤器区域护板预存→省煤器设备检查、通球→省煤器下集箱预存→省煤器固定装置安装→省煤器安装→省煤器上集箱预存→省煤器与上下集箱对口安装→省煤器防磨装置安装→省煤器区域护板安装→省煤器与护板密封装置安装。

300. 省煤器运输、吊装过程中应注意什么问题?

答:省煤器运输、吊装过程中注意防止鳍片碰折、变形。

301. 省煤器管组在吊装对口焊接,临时就位时,为何要考虑管组间的间隙?

答:省煤器管组在吊装对口焊接,临时就位时,就要考虑管组间的间隙,间隙偏差太大,会对最后的间隙调整工作造成极大地困难,有时甚至间隙过大即使调整后也无法达到要求,这种情况绝不能发生。

302. 省煤器吊装前应做好哪些工作?

答:省煤器在吊装前,需将省煤器区域护板刚性梁、省煤器区域护板组合件预存到安装位置,省煤器进口集箱预存到空气预热器上方,固定牢固。同时后竖井前包墙、中隔墙、后包墙、顶棚过热器必须调整完毕，且经过验收合格。右包墙临时吊挂，待省煤器、低过、一级中温过热器、低温再热器吊装完毕后再进行安装。需将烟气调节挡板和吊挂板缓装，预留作为安装单轨梁电动葫芦跑车的空间。

303. 简述旋风分离器的施工工序。

答： 旋风分离器的施工工序：设备卸车→清点验收→设备编号、检查、倒运→分离器上部吊挂装置组合、安装→分离器管排地面通球、组合→管排吊装→中心筒吊装→分离器出口烟道组合、吊装→整体组合、密封、打磨→参加锅炉整体水压试验→验收合格、办理签证。

304. 简述储水罐的施工工序。

答： 储水罐的施工工序：设备卸车→清点、检查→设备吊装临时吊挂→启动循环系统上部连接管与储水罐对口焊接→固定装置安装→储水罐导向装置安装→调节标高及垂直度→验收。

305. 低温再热器具备什么条件后才能吊装？

答： 低温再热器吊装前，前包墙、中隔墙、左侧包墙、顶棚过热器必须调整完毕，且经过验收合格，右包墙临时吊挂、低过、一级中温过热器、低温再热器、省煤器吊装完毕后再进行安装。

306. 安装再热器防磨装置时应注意什么问题？

答： 再热器防磨装置安装时，一定要注意管子，将电焊线包扎严密，严禁电焊伤到管子。

第三节 循环流化床锅炉其他设备安装

307. 简述给煤机施工顺序。

答： 给煤机施工工序：给煤机设备检查→给煤机基础画线→给煤机就位→给煤机找正安装→给煤机底座安装加固→进料口设备及调节门安装→出料口设备及插板门安装→密封风管道安装。

308. 简述给煤机设备安装时的清点、编号、检查。

答: 给煤机设备到货后,首先依据图纸对设备进行清点、编号、检查,检查要仔细,编号要清晰,清点要准确。首先检查外壳无变形、焊缝无裂纹和漏焊。设备配套的仪表线路、观察孔玻璃等附件完好无损。

309. 简述给煤机安装时基础的检查、画线。

答: 检查基础的预埋钢板表面平整度、外形尺寸、中心位置偏差以及与厂房建筑基准点的相对标高,并做好记录。按照图纸划出基础纵、横主中心线,确定出设备安装的纵、横主中心线。

质量标准:基础纵横主中心线偏差小于 10mm,中心线距离偏差小于 10mm,基础标高偏差小于 10mm。

310. 如何进行给煤机设备的就位?

答: 基础检查合格后,依据图纸将设备倒运吊装至该设备基础,用锅炉主吊机械、链条葫芦配合进行,就位前确认编号与基础编号一致。

311. 如何进行给煤机本体的找正?

答:(1)给煤机进口与原煤仓中心线重合,给煤机出口与出口溜管中心线重合。标高符合图纸要求。整机水平偏差不大于 2/1000mm。注意出煤口底板焊接质量,满焊并确保焊缝高度,以防万一爆燃时承受冲击力。设备找正结束后,对设备底板与预埋钢板焊接。

(2)给煤机出口管道安装时,在 25m 给煤机平台上连同手动插板门、气动插板门、膨胀节全部组合好后,整体用链条葫芦就位安装,盘根处需加在法兰面螺栓内侧结合面上,并涂抹密封胶或白厚漆。

(3)上部落煤管从原煤仓开始自上而下安装煤仓出口料斗、煤仓出口闸门、上部落煤管、连接器,调节连接器使两端紧密连接。盘根需加在法兰面螺栓内侧结合面上,并涂抹密封胶或白厚漆。

312. 简述给煤机密封风管道的安装。

答：设备就位后进行管道的安装，管道安装严格按照图纸要求尺寸进行，严禁随意更改数据，管道安装中随时对管道进行封口，以免杂物进入管道内部，影响管道及系统的清洁。由于管道口径大，安装现场复杂，施工时必须检查上方及下方，不得有其他施工人员施工，以免发生意外，尽量避免交叉作业，无法避免时要搭设隔离层。高空作业要挂好安全带，高挂低用，使用的小工具、材料等放进工具包内或用绳子绑牢，以免施工中坠落，发生意外。

313. 简述滚筒式冷渣器安装施工工序。

答：滚筒式冷渣器安装施工工序：设备清点检查编号→基础检查画线→设备倒运→支架安装→滚筒式冷渣器安装。

314. 简述滚筒式冷渣器的安装。

答：将冷渣器及其支架运至炉底，在每个冷渣器上方 12.6m 平台上打两个直径 200mm 的孔，然后悬挂两个 20t 的链条葫芦将冷渣器吊起，根据基础画线将支架安装就位。在冷渣器支架焊接牢固后，将冷渣器安装就位。

315. 炉内脱硫系统主要包括哪些装置？

答：炉内脱硫系统主要包含石灰石粉仓、输送系统及喷药装置。

316. 循环流化床锅炉炉内脱硫是如何实现的？

答：循环流化床锅炉炉内脱硫是采用石灰石干法脱硫来实现的，即将炉膛内的 $CaCO_3$ 高温煅烧分解成 CaO，与烟气中的 SO_2 发生反应生成 $CaSO_4$，随炉渣排出，从而达到脱硫目的。

317. 简述石灰石粉仓安装的施工工序。

答：石灰石粉仓安装的施工工序：设备清点检查编号→基础检查画线→设备倒运→石灰石粉仓钢支架组合安装→石灰石粉仓组合→石灰石粉仓就位安装→其他附属设备安装→石灰石粉仓围

护结构安装。

318. 简述石灰石粉仓安装。

答：用吊车将钢支架柱子分件进行吊装，每根柱子吊装并焊接牢固后进行下一件立柱吊装。然后将运转层平台在钢支架框架内进行组合，待组合焊接完毕后，整体吊至就位位置，并与立柱焊接牢固。然后将斜撑就位，并焊接牢固。

319. 石灰石输送系统一般分哪两种？两级料仓石灰石输送系统分为哪两个部分？

答：石灰石输送系统一般分两级料仓石灰石输送系统和单级料仓石灰石输送系统两种。两级料仓石灰石输送系统分为石灰石粉库（锅炉房外）至中间粉仓的前置段输送和中间粉仓至锅炉炉膛的后置段输送两个部分。前置段输送采用空压机作为输送用气动力源进行定容间断输送；后置段输送采用罗茨风机作为输送用气动力源进行可定量调整的连续输送。

320. 两级料仓石灰石输送系统主要由哪些系统组成？

答：两级料仓石灰石输送系统主要是由储料仓、压气力输送系统、炉前仓、喷吹系统、电气控制系统等组成的。

321. 正压气力输送系统由哪些部件组成？

答：正压气力输送系统由发送器、进出料阀、补气阀、管路等组成。

322. 脱硫剂的添加位置应设置在什么位置？为什么？

答：脱硫剂的添加位置应设置在分离器的返料口处，以利于其与煤的充分接触、混合，使脱硫剂与煤较好地同步燃烧。

323. 耐火浇注料筑炉法有几种？

答：常用耐火浇注料的施工方式有两种：一种是现场直接浇注捣成型，另一种是预制成型。

324. 现场浇注有哪几种情况？

答：在现场直接浇捣成型有三种情况：整体浇捣成型（如小型室式炉）；部分浇捣成型（如加热炉炉顶）以及局部浇捣成型或

修补（如砌砖操作较困难的墙及拱部找平）。

325. 浇注料骨料、粉料及黏合剂配比遵循什么原则？

答： 耐火浇注料的配制原则是合理选择颗粒级配、超微粉和外加剂品种及其用量。

耐火骨料的量大粒径根据工程衬体的厚度而定，一般微10mm，其颗粒级配为：10～5mm 为 40％～50％，5～3mm 为 20％～30％，3～1mm 为 20％～30％，1～0.15mm 为 15％～25％。一般来说，用三级配或四级级配，以达到最大堆积密度。耐火骨料用量为 68％～72％。

耐火骨料用量为 18％～25％，其中高档材料用量为 5％～10％，耐火微粉用量微 2％～12％，耐火粉料和超细料用量合计微 28％～32％。

326. 可塑指数在现场施工中如何确定？

答： 可塑指数合适的小耐火可塑料，用手可以揉捏成团，没有水分泌出，也不沾手，不松散。

327. 捣打料分几种？怎样捣打施工？

答： 捣打料分热捣和冷捣两种。

施工时，首先除去污物或除锈，涂上黏结液，而后分层铺料（100mm 厚）分层捣打，分区（条或段）使用风动锤，一锤压半锤或三分之一锤的一字形来回往复捣打 2～3 遍。采用热捣时，锤头要加热至呈暗红色（锤头分大、中、小），风压不低于 0.5MPa。上下料层要错开一定的角度，捣打应一次连续进行，以防止分层。在各条接茬处表面要"凿毛"或刷黏合剂，而后铺料捣打。

328. 鉴定捣打的质量用什么方法？

答： 鉴定捣打的质量采用对取样进行压缩比检验方法，公式为

$$压缩比 = \frac{压下厚度}{松铺厚度} \times 100\%$$

式中　压下厚度为松铺厚度捣实后的厚度。

329. 炉墙浇注料加防磨凸台技术措施的施工步骤和工艺要求有哪些?

答: ①将炉膛水冷壁受热面上的浇注料与水冷壁分隔处的浇注料凿掉 100mm,露出水冷壁。在凿的过程中,应严格注意避免伤到水冷壁管母材合凿掉水冷壁上的固定销钉。②在炉膛四周水冷壁受热面上的浇注料与水冷壁分隔处的上方鳍片管上按要求焊接 $\phi8mm1Cr18Ni9Ti$ 的耐热钢筋,钢筋焊接成为横向合纵向的钢网,焊接应牢固可靠。焊接时电流不应过大,在焊接过程中应注意保护好水冷壁。③将炉膛四周水冷壁受热面上的浇注料与水冷壁分隔处焊接的销钉及凿掉的浇注料部分清理干净,用压缩空气吹扫干净。在销钉处刷涂 2mm 厚的沥青底漆。④在炉膛四周水冷壁受热面上的浇注料与水冷壁分隔处上下销钉处采用耐火可塑料进行浇注,浇注施工严格按耐火可塑料的施工工艺进行,圆弧面的表面应光滑、平滑过渡。浇注料的厚度应超过销钉 2～6mm。在每隔 500mm 处应预留足够的膨胀缝。⑤凸台尺寸为 200mm 高,270mm 宽,呈三角形,最外边高度为 50mm。

330. 流化床锅炉耐火材料设置的主要目的是什么?

答: 流化床锅炉耐火材料设置的主要目的是防止锅炉高温烟气和物料对金属结构件的高温氧化腐蚀和磨损,并具有隔热作用。物料的循环磨损首先发生在耐火材料上,从而保证了金属结构的使用寿命,这是保证循环流化床锅炉长期安全运行的重要措施之一,也是循环流化床锅炉的主要特点之一。耐火材料的使用对减少金属结构的使用、降低造价、方便检修维护具有十分重要的意义。

331. 耐磨耐火和保温材料的施工要求有哪些?

答: (1) 严格控制耐磨浇注料的配水量、配料量、施工时间以及施工养护环境温度,合理制定施工工艺,保证施工质量。

(2) 耐磨浇注料要添加 2% 的不锈钢纤维,直径为 0.4～0.5mm,长度为 20～35mm。

(3) 耐磨保温砖和保温砖的砌筑缝,应充满灰浆,以保证绝热性能。

（4）固定耐磨浇注料的各种销钉，分层卸载的金属支托板还有管子的外表面，应涂沥青，防止因线胀系数不同而导致耐磨材料毁坏。

332. 耐火防磨材料养护的主要目的是什么？

答： 耐火防磨材料养护的主要目的是在控制冷态条件下，材料中水分尽可能大地析出，而不产生裂纹。

333. 循环流化床锅炉采用的耐火材料主要有哪些？

答： 目前循环流化床锅炉采用的耐火防磨材料主要有非金属耐火砖、浇注料或可塑料。

334. 可塑料如何进行养护？

答： 可塑料施工完毕后，采取自然养护 1～3 天即可烘烤（在养护间，严禁接触水及淋水）。

335. 如何进行可塑料的质量检查？

答： 可塑料烘干后，用半磅锤轻轻敲击衬里，衬里应发出清脆回声，衬里无疏松及无凹凸现象。衬里烘干后，表面应平整、无麻面、无明显裂纹。

336. 简述可塑料的修补方法。

答： 衬里任一缺陷部位进行修补时，应将衬里凿成外小内大状，修补的最小范围至少包括 5 个保温钉（销钉）的范围（至少为 300mm×300mm），并且在四周用水彻底湿润。所有修补工作应采用和原来施工相同的方法进行。

337. 耐火保温浇注料衬里施工应注意哪些事项？

答： 衬里材料施工时，不得将其他添加剂、水泥、石灰等杂物混入衬里料中，不得任意改变组合料的级配，不得在施工好的衬里表面撒水泥、耐火细粉等。

338. 如何进行耐火保温浇注料衬里的养护？

答： ①衬里施工完毕脱模后有一定的表面强度后，即可进行雾湿养护。

②养护方法：用喷雾器进行人工喷雾，视衬里表面干湿情况，确定喷雾次数，需保持表面潮湿。

③养护时间至少在 24h 以上，原则上每隔 30min 左右喷水一次，但可根据气候条件适当增减喷淋次数。养护完毕后的衬里，应停放 3～5 天，方可搬动或吊装。

339. 如何进行耐火保温浇注料衬里的修补?

答：衬里修补时，衬里任何需修补的地方应将衬里处理成外小内大的圆形状。修补范围至少应围绕三个保温钉的范围，并将修补地方彻底用水湿润，修补方法同原施工方法相同。

340. 简述耐火保温浇注料衬里质量检查。

答：衬里要求外观平整、厚度均匀，用探针检查允许偏差±3mm，并且不应有任何空隙，表面无明显裂纹。衬里应平整密实，无疏松颗粒，烘炉前不应有裂纹存在。

第四章

循环流化床锅炉性能试验与运行

第一节　循环流化床锅炉性能试验

341. 循环流化床锅炉的性能试验包括哪些试验？

答：循环流化床锅炉性能试验包括锅炉最大连续蒸发量试验（BMCR）、额定蒸发量（BRL）下的锅炉热效率试验和烟气污染物排放特性试验等。根据需要，循环流化床锅炉性能试验还可以包括锅炉最低负荷试验（无辅助燃料）及部分负荷试验等试验内容。

342. 什么是锅炉的热效率？其测试方法有哪两种？

答：锅炉的有效利用热量与输入热量之比称为锅炉的热效率。测试方法有正平衡法和反平衡法。

343. 什么是正平衡法？如何计算？

答：正平衡法是直接测定锅炉有效利用热量 Q_1 与输入锅炉的热量 Q_r，然后 $\eta = Q_1/Q_r \times 100$（％）计算热效率的方法。

式中　η——锅炉热效率，％；

　Q_1——锅炉的有效利用热量，kJ/h；

　Q_r——输入锅炉的热量，kJ/h。

一般情况下，锅炉的有效利用热量为锅炉给水转变为蒸汽×饱和或过热的时吸收的热量。

输入锅炉的热量为燃料的发热量，燃料带入的物料显热、进入锅炉的外来热量和自用蒸汽带入的热量。

344. 什么是反平衡法？

答：反平衡法是通过测定锅炉各项热损失，然后按 $\eta = 100 -$

$(q_2+q_3+q_4+q_5+q_6+q_7)$ 计算的热效率测试方法。

式中　q_2——排烟热损失百分率，%；

　　　q_3——可燃气体未完全燃烧热损失百分率，%；

　　　q_4——固体未完全燃烧热损失百分率，%；

　　　q_5——锅炉散热损失百分率，%；

　　　q_6——灰渣物理显热损失百分率，%；

　　　q_7——石灰石脱硫热损失百分率，%。

345. 排烟热损失如何计算？

答：排烟热损失

$q_2=Q_2/Q_r\times100\%$

$=\{[(I_{py}-\alpha_{py}I_{lk})\times(100-q_4)/100]/Q_r\}\times100\%$

式中　I_{py}——排烟焓，kJ/kg；

　　　I_{lk}——进入锅炉的冷空气焓，kJ/kg；

　　　α_{py}——排烟处过量空气系数，由烟气分析仪测得气体成分
　　　　　　再计算得到。

346. 影响排烟热损失的主要因素有哪些？

答：影响排烟热损失的主要因素是排烟温度和烟气容积，排烟温度高，则 q_2 损失大。一般排烟温度提高 10℃，则 q_2 约增加 1%。

此外，烟气容积增大，q_2 损失也很大，影响烟气容积的因素除燃料水分外，还有炉膛过量空气系数，各处漏风量及排烟温度。

347. 可燃气体未完全燃烧损失如何计算？

答：可燃气体未完全燃烧损失

$$q_3=\frac{c+0.375S}{Q_r}\times\frac{236CO+201.5H_2+668CH_4}{RO_2+CO+CH_4}$$

$$\times\frac{100-q_4}{100}\times100\%$$

式中　　　　　　C、S——燃料收到基折算结果；

RO_2、CO、CH_4、H_2——干烟气 RO_2、CO、CH_4、H_2 中所占
　　　　　　　　　　　容积份额，由烟气分析器测出。

一般 q_3 损失很小，对于循环流化床锅炉，如果配风合理，接近于 0。

348. 固体未完全燃烧热损失如何计算？

答：固体未完全燃烧热损失

$$q_4 = \frac{32860}{Q_r} \times \frac{G_{ba} \times C_{ba} + G_{fa} \times C_{fa} + G_{da} \times C_{da} + G_{ra} \times C_{ra}}{100 \times B} \times 100(\%)$$

式中 G_{ba}、G_{fa}、G_{da}、G_{ra}——运行 1h 锅炉的灰渣、飞灰、烟道沉降灰、排放的循环灰重量，kg/h；

         C_{ba}、C_{fa}、C_{da}、C_{ra}——烟道沉降灰、排放的循环灰中的含碳量百分数份额；

         32860——每公斤纯碳的发热量，kJ/kg；

         B——每小时锅炉消耗燃料量，kg/h。

349. 影响固体未完全燃烧热损失 q_4 的因素有哪些？

答：影响固体未完全燃烧热损失 q_4 的因素很多，如燃料性质、燃烧方式、过量空气系数、燃烧社保及炉膛结构、炉内空气动力工况等。灰渣中含碳量的多少主要受燃烧工况影响；煤燃烧反应活性是飞灰含碳量的决定性因素，受炉膛温度、过量空气系数及其他运行参数的影响，还受物料循环系统的性能的影响；烟道沉降灰的多少主要由烟道的设计结构以及飞灰的行走决定，循环灰排放的份额一般为 0，只有在一些非正常条件下才会大于 0。

350. 采用什么方法测定影响固体未完全燃烧热损失 q_4？

答：在测定影响固体未完全燃烧热损失 q_4 时，往往采取灰平衡法确定。所谓灰平衡法，即输入到锅炉中的灰量应等于底渣、飞灰、烟道灰和排放的循环灰的灰分之和。

351. 何谓散热损失 q_5？

答：锅炉运行时，由于炉墙的保温材料不是完全绝热的，锅炉介质（烟气）和工质（汽、水）的热量将通过炉墙、烟风道、构架、汽水管道外表面散发出来，这部分损失的热量称为散热损

失 q_5。

352. 散热损失 q_5 如何计算？

答：通常用推荐的线算图来确定额定工况下的散热损失。变负荷时散热损失可用下式计算。

$$q'_5 = q_5 \frac{D^e}{D'}(\%)$$

式中　D^e、D'——锅炉额定负荷、运行负荷，kg/h；

q_5——额定负荷下的散热损失，%。

353. 灰渣物理热损失 q_6 如何计算？

答：

$$q_6 = \frac{A_{js}}{Q_1}\left[\frac{\alpha_{dz}(t_{dz}-t_0)c_{dz}}{100-C_{dz}^c} + \frac{\alpha_{fh}(\theta_{py}-t_0)c_{fh}}{100-C_{fh}^c}\right.$$
$$\left. + \frac{\alpha_{xhh}(t_{xhh}-t_0)c_{xhh}}{100-C_{xhh}^c} + \frac{\alpha_{ejh}(t_{cjh}-t_0)c_{cjh}}{100-C_{cjh}^c}\right]$$

如冷渣器流化风划归系统内，冷却水划归系统外时，按下式计算：

$$q_6 = \frac{A_{js}}{Q_r}\left[\frac{\alpha_{dz}(t_{dz}-t_0)c_{dz}}{100-C_{dz}^c} + \frac{\alpha_{fh}(\theta_{py}-t_0)c_{fh}}{100-C_{fh}^c} + \frac{\alpha_{xhh}(t_{xhh}-t_0)c_{xhh}}{100-C_{xhh}^c}\right.$$
$$\left. + \frac{\alpha_{cjh}(t_{cjh}-t_0)C_{cjh}}{100-C_{cjh}^c} + D_{lzw}(h''_{lzw}-h'_{lzw})\right]$$

式中　　　　　　　t_{dz}——离开锅炉系统边界的实测底渣温度，℃；

θ_{py}、t_{xhh}、t_{cjh}——分别为锅炉排烟温度（飞灰温度）、离开锅炉机组热平衡系统界限边界的循环灰温度和沉降灰温度沉降灰温度可取沉降灰斗上部空间的烟气温度，℃；

C_{dz}、C_{fh}、C_{xhh}、C_{cjh}——分别为底渣、飞灰、循环灰、沉降灰的比热容，按 GB/T1 0184－1988 附录 C 查取，kJ/（kg·K）；

D_{lzw}——冷渣器划归系统外冷却水流量，kg/h；

h''_{lzw}——冷渣器划归系统外冷却水出口焓，kJ/kg；

h'_{lzw}——冷渣器划归系统外冷却水进口焓，kJ/kg。

如冷渣器冷却介质（流化风和冷却水）划归系统内，则 t_{dz} 为冷渣器实测出口渣温；如冷渣器冷却介质（流化风和冷却水）划归系统外或底渣不冷却时，则 t_{dz} 以炉膛底渣排放温度计算；如冷渣器流化风划归系统内，冷却水划归系统外时，采用冷渣器出口渣温，按第二式计算。

对于设置飞灰再循环系统的循环流化床锅炉，在计算灰渣物理热损失时，还应计入再循环飞灰输送过程中的物理热损失（根据循环飞灰量和进、出系统的再循环飞灰温度计算）。

354. 石灰石脱硫热损失 q_7 如何计算？

答： 石灰石脱硫热损失百分率 q_7 根据石灰石锻烧吸热反应循环流化床与硫化放热反应

$$CaCO_3 = CaO + CO_2 - 183$$

$$CaO + \frac{1}{2}O_2 + SO_2 = CaCO_4 + 486$$

$$q_7 = \frac{S_{L,ar}(57.19K_{glb}\beta_{fj} - 152\eta_B)}{Q_r}$$

式中　$S_{L,ar}$——燃料收到基全硫含量百分率，%；

　　　β_{fj}——脱硫石灰石中碳酸钙分解率，取值为 98，%；

　　　K_{glb}——单位质量燃料的入炉石灰石中钙的物质的量与燃料收到基全硫物质的量之比；

　　　η_B——脱硫效率，%；

　　　Q_r——每千克（每标准立方米）燃料的输入热量，kJ/kg，kJ/m³。

355. 循环流化床锅炉温度测量中一般使用哪些温度计？

答： 温度计种类很多，有玻璃水银温度计、光学高温计、热电偶温度计等。

356. 循环流化床锅炉压力测量常用哪些仪表？

答： 循环流化床锅炉压力测量常用的仪表有 U 形玻璃管压力计、单管压力计、倾斜式微压计、弹簧管压力表、数字式压力表等。

357. 循环流化床锅炉测量流量的方法有哪些？

答： 循环流化床锅炉测量流量的方法有：流速法测流量、标准容积法测流量、孔板法测流量、转子流量计。

第二节　循环流化床锅炉冷态特性试验

358. 何谓循环流化床锅炉冷态试验？

答： 循环流化床锅炉的冷态试验是指在常温下对锅炉送风系统、流化特性、物料循环系统等进行系统的性能测试，以发现和消除隐患，为锅炉正常运行提供保障；并测定相关参数，为锅炉热态运行确定合理的运行参数。

359. 为什么循环流化床锅炉在大小修或布风板、风帽检修、送风机换型检修后锅炉第一次启动前必须进行冷态试验？

答： 循环流化床锅炉在大小修或布风板、风帽检修、送风机换型检修后锅炉第一次启动前必须进行冷态试验，以保证锅炉顺利点火和稳定安全运行。

360. 冷态试验的目的是什么？

答： 冷态试验的目的有以下几点：

（1）鉴定送风机风量、风压是否满足锅炉设计运行要求。

（2）检查风机、风门的严密性及吸、送风机系统有无漏泄。

（3）测定布风板的布风均匀性、布风板阻力、料层阻力、检查床料流化质量。

（4）绘制布风板阻力、料层阻力随风量变化的曲线，确定冷态临界流化风量和热态运行最小风量。

（5）检查物料循环系统是否能够正常运行。

361. 冷态试验应具备哪些条件？

答： 冷态试验前必须做好充分的准备工作，使之具备一定的条件，以使冷态试验得以顺利进行。主要工作是：

（1）与试验及运行有关的风量表、压力表及测定布风板阻力和料层阻力的差压计，风室静压表等必须齐全并完好。

（2）准备好足够试验用的炉床底料。底料一般用燃料的冷灰渣料或溢流灰。床料粒度要求应和正常运行时燃料的粒度要求大致相同。如果实验后底料作为启动的床料，还应增加一定量的易燃烟煤细末和脱硫剂石灰石，掺入的燃煤一般不超过床料总量的10%。

（3）检查和清理炉墙及布风板。不应有安装、检修后的遗留物；布风板上的风帽间无杂物；绝热和保温的填料平整、光洁；风帽安装牢固，高低一致，风帽小孔无堵塞。

（4）准备好试验用的各种表格、纸张等。

362. 冷态试验项目主要包括哪些？

答：冷态试验项目主要有风机性能试验、布风板阻力特性试验、布风均匀性检查、临界流化风量测定以及物料循环系统的回送性能试验等。在冷态试验进行时，首先要检验风机性能，即通过试验，绘制出风量、风压特性曲线，判定风机是否符合设计和运行要求。

363. 如何进行布风板阻力测定？

答：测定布风板阻力时，布风板上无床料，一次风道的挡板除留有一个做调整用外，其余全部开放（一般留送风机出口调整挡板）。具体操作是启动一次送风机后，逐步开大调整风门，增加风量，记录下风量和风压的各对应数据。试验时调整引风机使炉膛下部测压点处压力为零，此时风室静压计上读出的风压即可认为是布风板阻力。测定时应缓慢，平稳地开启挡板，增加风量。一般每500m³/h风量记录一次，从全关做到全开，再从全开做到全关。一般选10～15个挡板开度进行测量，把两次测量的平均值作为布风板阻力的最后值。在平面直角坐标系中用平滑的曲线将这些点连接起来，便得到了布风板阻力与风量变化关系的特性曲线。

364. 为什么需要进行布风板均匀性检查？怎样进行布风均匀性检查？

答：布风板布风均匀与否，将直接影响料层阻力特性及运行

117

中流化质量的好坏。

365. 怎样进行布风均匀性检查?

答: 检查布风均匀的方法很多,对于布风板只有几平方米的小沸腾炉,可以用火钩探测;对于几十吨蒸发量的锅炉,可以挑选有经验的检验人员站在料层上,用脚试的方法;对于近百吨的中温中压、次高压锅炉或几百吨的高温高压锅炉,主要采用突然停止流化料层的办法来检查。在实际的检验过程中,三种方法可以联合使用,但三种方法都是在流化状态下进行。对于电站流化床锅炉现在一般采用后两种检验方法检查布风的均匀性。

366. 如何实施脚试法检查布风板的均匀性?

答: 在布风板上铺平约 300～400mm 厚度的床料。有经验的检查人员赤着脚,带上防尘面具进入炉内,站在料层上。启动一次风机,并逐渐增大风量,料层开始流化沸腾。检查人员随着风量的增加,逐渐下沉,最后站在风帽上。此时通知操作人员保持送风不变,检查人员在沸腾的料层中移动,如果停到哪里,哪里的料层马上离开,象淌水一样,而且脚板能站到风帽和布风板上,脚一抬起立刻被床料填平,这说明布风板布风均匀,流化良好。如果检查人员停到哪里,感到有明显的阻滞,脚又踏不到风帽或布风板上,表明这些地方流化不好,布风不均,应查找原因,消除后再试验。

367. 如何实施沸腾法检查布风板的均匀性?

答: 沸腾法很简单,却很实用,尤其对中、大型流化床锅炉应用较普遍。首先在布风板上铺平 300mm～400mm 厚床料,启动一次风机把料层沸腾起来并保持一段时间,然后停止风机,立即关闭挡板。当床料静止后观察料层。若料层表面平坦,就表明布风均匀,流化良好;若料层表面凸凹不平,表明布风不均匀,流化不良。炉型不同,布风板的结构、风帽的形式不同,流化不良所表现出来的凸凹程度也各不相同。一般来说,只要布风板设计合理,床料配制均匀,流化应该良好。实际上,冷态测试时局部小范围布风不均匀,对热态运行的影响也不太大,因为热态运行时的流化程度要远高于冷态试验时的流化程度。

368. 怎样进行临界流化风量测定？

答：床层从固定状态转变到流化状态（或称沸腾状态）时按布风板面积计算的空气流量称为临界流化风量 Q_{mf}，此风量按布风板面积计算成空气流速称临界流化风速 u_{mf}，或最小流化速度。

循环流化床锅炉燃料为宽筛份燃料，一般冷态调试时采用如下办法：

在布风板上分别铺上不同厚度的床料，料层的厚度应根据锅炉的设计和运行中料层的厚度来确定，一般选取 200mm、300mm、400mm、500mm、600mm 五个厚度来进行测定，就每一确定的料层厚度分别测量料层阻力，确定风量、风压和料层厚度三者之间的关系。此时测出的风室风压所代表的风阻是料层阻力与布风板阻力之和，将测得的该风阻减去同一风量下布风板阻力，就得到了该料层阻力。把它们描绘在同一坐标系中，并用光滑曲线连接起来，就得到了不同料层厚度下料层阻力与风速的关系，即床层压降—流化风速的关系曲线图，一般形状如图 4-1。不难看出，曲线上有一近似水平段，这时床料处于流态化状态，即沸腾状态。固定床与流化床两条压降线的延长线交点对应的一次风机流量即为冷态临界流化风量。

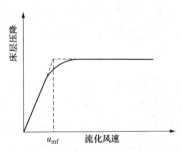

图 4-1 宽筛分颗粒床层压降—流化风速关系曲线

为了保证测量的准确，可利用当床截面和物料颗粒特性一定时，流化床临界流化风速与料层厚度无关的性质，采用不同的床料厚度进行测量，不同料层厚度下测出的临界流化风速应基本相同，如有明显偏差，则需找出原因并解决。

369. 飞灰循环系统由哪些部件组成？

答：飞灰循环系统由分离器、立管、回料阀与下灰管组成，如图 4-2 所示。要实现飞灰系统的正常循环，分离器和回料阀是本系统的核心。回料阀的工作特性对循环流化床锅炉的效率、负荷的调节性能及正常运行有着十分重要的影响。

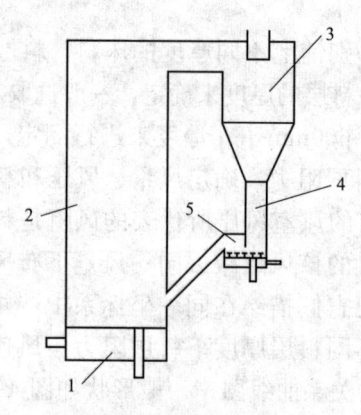

图 4-2　循环流化床锅炉示意图

1—风室；2—燃烧室；3—高温旋风分离器；4—立管；5—U 形阀返料器

370. 物料循环系统输送性能试验的主要内容有哪些？

答：对于一台已建成的循环流化床锅炉，其分离器及飞灰循环系统的结构已定，因此本试验的主要内容为回料阀的输送特性试验。

371. 在循环流化床锅炉中多采用什么回料阀？

答：在循环流化床中，由于输送的是高温灰，所以多采用非机械式的回料阀，其中以流化密封回料阀应用较普遍。它具有调节性能好、运行稳定，输送量比较大等优点。

372. 通过冷态试验可以了解回料阀的什么特性？有什么意义？

答：通过冷态试验，可以了解回料阀的启动风量和工作范围以及风门的调节特性。这对热态运行具有重要的指导意义。

373. 如何测定给煤量？

答： 为了经常考核锅炉的运行水平，一般用皮带磅秤、电子秤等仪器来计量给煤量。但对于缺少上述仪器的单位，可用测定给煤机每一转的给煤量的方法近似地进行计量，即在不同转速下单位时间内测出给煤机的实际转速和给煤量，再换算成小时给煤量。使用这一方法要考虑煤的密度、水分变化带来的误差而进行修正。

第三节　循环流化床锅炉启炉前的准备

374. 循环流化床锅炉在启动前锅炉本体应具备什么条件？

答： 循环流化床锅炉在点火启动前必须对锅炉本体进行一次全面的外部检查，应达到：

（1）锅炉本体、辅机及主要设备安装完毕，分部试运结束，具备启动运行条件。

（2）炉墙表面平整，外观完整，无裂缝。

（3）看火孔、打焦门及人孔门完整无缺，操作灵活，检查后完全关闭，燃烧室微正压部分的孔门，更应注意关闭严密。

（4）烟道、风道及除尘器内无积灰和杂物。

（5）燃油系统及系统上的管道、阀门无漏油现象，油枪喷嘴雾化质量良好，热烟气发生器应完好无损，储油箱应有足够的油量，在点火前先试一下是否有堵塞现象。

（6）煤仓有足够的存煤，螺旋给煤机无堵塞现象，皮带或链条松紧适合，地脚螺栓牢固。

（7）灰仓有足够的存储量，物料循环系统外部保温良好，内部畅通无异物。

（8）检查风帽安装是否正确，风帽孔无堵塞。

（9）风室内无杂物，排渣管清洁畅通。

（10）冷渣器运转正常，冷却循环水正常循环。

（11）引风机、送风机、二次风机均应空载转动，轴承润滑油位正常（油位应在 1/2～3/4 以内），冷却水畅通，安全罩牢固，地脚螺栓不松动，电动机接地良好，引风机挡板在关闭位置。

375. 循环流化床锅炉在启动前锅炉热控操作盘应具备什么条件？

答：循环流化床锅炉在点火启动前必须对锅炉热控操作盘进行一次全面的外部检查，应达到：

（1）表盘清洁，不得放置任何工具和杂物。

（2）所有操作开关安装齐全，启停电源指示灯泡、灯罩齐全，灯罩颜色正确。

（3）所有热工仪表、电气仪表安装完好无缺，指示正确，均应校验合格。

（4）警报响声试验洪亮。

（5）名称标志正确齐全，字迹清楚。

（6）各远方操控装置（阀门、挡板、连杆等）部件完善，检查后送上电源做全开、全关操作试验，行程灵活，指示与动作正确一致，均要达到全开全关位置，试验时应有锅炉运行负责人监督。

（7）自动记录仪表，纸墨应装好。

（8）操作室内照明和事故照明均应良好。

（9）热工仪表阀门元件齐全。

376. 循环流化床锅炉在启动前锅炉汽包内部装置施工质量应达到什么要求？

答：循环流化床锅炉在点火启动前必须对锅炉汽包内部装置施工质量进行检查，应达到：

（1）汽包内部装置严格按照图纸施工，无漏焊现象。

（2）就地水位计、气门、水门严密不漏，开关灵活，安装位置正确，高低极限水位有明显标志，水位表应处于使用状态。水阀和气阀应开启，放水阀关闭。

（3）汽包和过热器上的安全阀应按规定的压力进行调整和校验。

（4）对有过热器的锅炉，按较低压力进行调整的安全阀必须为过热器上的安全阀。

（5）省煤器安全阀的开启压力应调整为装置地点的工作压力

的 1.10 倍。

（6）检查杠杆式安全阀，要有防止重锤自行运动的装置；弹簧式安全阀要有提升手把和防止随便拧动调整螺丝的装置。

（7）检查所有的放水阀、疏水阀、排污阀是否开关灵活，检查后应把它关闭。

（8）检查各压力表应干净清晰，刻度盘上应画红线指出其工作压力，并有良好的照明，压力表应检定合格。

（9）检查给水管路上的全部阀门是否灵活，检查后除省煤器前的主给水阀外均应开启，主给水阀应在向锅炉进水时开启。

（10）蒸汽系统、给水系统、排污系统的管道支撑吊架牢固可靠，保温完善。各集箱手孔、汽包人孔均应密封严密。各膨胀指示器安装正确，冷态时指针应在零位。

377. 锅炉上水时应注意什么问题？

答：锅炉点火前检查工作完毕后，可进行锅炉上水工作，上水时应注意：

（1）上水前应开启汽包上的空气阀或抬起一个安全阀，或开启压力表下三通阀，以便在上水时排除锅炉内空气，上水温度不宜偏高，上水应缓慢进行，锅炉从无水至达到汽包水位表最低水位指示处，夏季不少于 2h。

（2）上水过程中应检查人孔盖、手孔盖、法兰接合面及排污阀等有无泄漏现象，如有应及时修理。

（3）当汽包水位升至水位表最低水位指示时，应停止进水。停止进水后炉内水位应保持不变，如水位下降应及时查明原因，找出泄漏之处并排除，如水位上升，则表明给水阀漏水，应进行修理或更换阀门。

第四节　循环流化床锅炉的点火

378. 循环流化床锅炉点火的实质是什么？

答：循环流化床锅炉的点火，实质上是在冷态试验合格的基础上，将床料加热升温，使之从冷态达到正常运行温度的状态，以保证燃料进入炉膛后能正常稳定燃烧。

379. 循环流化床锅炉点火分为哪几种方式？

答：锅炉点火可分为固定床点火和流态化点火两种。而流态化点火又可分为床上点火和床下点火两种方式。

380. 何谓固定床点火？

答：所谓固定床点火，就是在床料处于静止状态下点火使床料燃烧的方法。

381. 简述循环流化床锅炉固定床点火的具体做法。

答：首先在床料上铺放一些木炭或不太大的木柴。为了引燃方便，可在铺放前浇上柴油等易燃物质，然后用刨花、木屑或火把直接点燃。木柴燃烧后，在床料上堆积一层约 100～150mm 厚的暗红色木炭，在木炭上撒上一层易燃烧的烟煤细粒，启动一次风机送风。

382. 固定床点火的关键是什么？

答：送风量大小的控制与调整是固定床点火的关键。

383. 固定床点火，一次风机启动后，风量如何控制？

答：一次风机启动后，应密切注意炉床情况，送风量要缓慢增加，开始少量给风，木炭层有小火苗跳动，木炭层上燃煤逐渐燃烧，这时不要增加风量，要维持住这层炭火。随着木炭层的燃烧，要少量勤撒烟煤细粒，风也要随着慢慢增加，但要始终保持木炭层上的煤粒在小火苗状态下燃烧。这样维持一段时间后，随着床料温度的升高逐渐加大风量，同时增加烟煤的细粒量。

384. 什么情况下，可以启动给煤机给煤？

答：当床料呈暗红色时，此时温度已达到 600℃ 左右，可以启动给煤机给煤（如果锅炉燃用难燃的无烟煤、煤矸石等，启动时应预先备好易燃的烟煤细粒），同时增大风量。这时床料温度上升很快，当炉料呈紫红色并逐渐发亮时，风量要迅速加大到使床料全部流化起来，防止局部结焦。

385. 固定床启动时为什么要控制好炉膛负压？

答： 在床料温度较低，木炭层燃烧较弱时，负压不应过大，否则就会把木炭层上的细煤粒抽走，火苗熄灭，造成锅炉点火失败。

386. 带有副床的循环流化床锅炉怎样点火？

答： 带有副床的锅炉，副床可与主床同时点火，点火方法同主床一样，也可随主床点火。所谓随主床点火，就是在主床完全流化时，高温飞灰落到副床上，副床利用冷灰管放掉下面的低温冷灰，当冷灰出现暗红色时停止放灰，开启挡板送风，使副床温度继续上升，料层沸腾。由于主床上燃料燃烧产生的飞灰不断落到副床上，因此点火前副床床料要薄一些。

387. 布置有多个炉床的循环流化床锅炉怎样点火？

答： 布置有多个炉床的锅炉要逐个点火或分批点火，不可同时点火，以防止炉内温升过快，避免炉墙和受热面热应力太大。

388. 启动过程中应如何控制升温？

答： 启动过程中，注意温升不要太大。对于无耐火材料内衬的锅炉，温升一般控制在 $50℃/h$ 左右，对于有耐火材料内衬的锅炉，要严格按照温升特性曲线来启动。

389. 何谓流态化点火？

答： 流态化点火，就是在床料沸腾状态下，用液体或气体燃料加热床料的一种方法。

390. 根据流态点火的方式，分为哪几种点火方式？

答： 根据点火方式、点火位置的不同分为床上点火和床下点火两种方式。

391. 何谓床上点火？

答： 床上点火：床上点火方式和煤粉炉点火差不多，在炉床上部装设油枪（或通入天然气等）。当床料沸腾后，液体燃料经过油枪雾化后射入炉内，经明火点燃直接加热床料。

392. 何谓床下点火？

答：床下点火：床下点火是指通过设置在布风板下的一种称为烟气发生器或叫烟气燃烧器的装置，液体或气体燃料在其内部燃烧，烟气和一次风在发生器尾部混合，通过布风板风帽进入炉床加热床料。烟气发生器内的烟气温度可达700~800℃。

393. 点火启动时为什么要控制烟气温度？

答：点火启动时要控制烟气温度，防止发生器内喷嘴烘干和布风板风帽高温变形。

394. 流态点火有哪些优点？

答：流态化点火简单方便，易于掌握，床料加热速度快。一般在床料加热到600℃时就可给煤。给煤开始要少量。当煤粒着火较好时，应控制点火用燃料直至停止。

395. 流态点火前为什么必须启动引风机？

答：流态化点火前，必须启动引风机，防止炉膛爆燃。

396. 较大容量的流化床锅炉一般都采用什么方式点火？

答：由于流态化点火具有许多优点，较大容量的流化床锅炉一般都采用流态点火方式，特别是床下点火方式。

397. 固定床点火和流态点火存在什么问题？

答：固定床点火、流态化点火，都存在床内结焦问题。

第五节　压火备用及停炉

398. 在什么情况下流化床锅炉需要压火备用？

答：当流化床锅炉需要暂时停止运行时，常采用压火备用。

399. 压火备用的操作方法是什么？

答：压火的操作方法是：首先停止给煤机，当炉内温度降至800℃时，停掉吸、送风机，关闭风机挡板，使物料很快达到静止状态。锅炉压火后要监视料层温度。如果料层温度下降过快，应查明原因，以避免料层温度太低，使压火时间缩短。为延长压火备用时间，应使压火时物料温度高些，物料浓度大些，这样静止料层就较厚，蓄热多，备用时间长。料层静止后，在上面撒一层细煤粒效果更好。

400. 压火后再启动时采用哪两种方法？

答：压火后再启动，分为温态启动和热态启动两种。

401. 什么是温态启动？

答：温态启动是指料层温度较高（750℃左右）但料层以上的温度却很低（450~500℃）。在这种情况下启动一次风机，料层沸腾后达不到给煤燃烧温度。因此需要点火后再加热沸腾床料，提高物料温度，以达到给煤燃烧温度。

402. 什么是热态启动？

答：热态启动，是指启动一次风机后，燃烧室温度在650℃上，可直接向炉内加煤，启动锅炉。

403. 当压火时间较长时，压火应如何操作？

答：如果压火时间较长（一般不超过48h），料层温度难以维持，可以在料层温度降至600~700℃时点火启动，炉内温度提高后再压火。

404. 流化床锅炉如何停炉？

答：流化床锅炉停止给煤后，当炉内燃料完全燃尽，或者不能维持正常燃烧时，再停送引风机。

第六节　循环流化床锅炉的运行操作

405. 循环流化床锅炉的调节，主要通过哪些项目进行？

答：循环流化床锅炉的调节，主要通过对给煤量，一次风量，一、二次风分配，风室静压，沸腾料层温度，物料回送量等的控制和调整，来保证锅炉稳定、连续运行以及脱硫脱硝。对于采用烟气再循环系统的锅炉，也可通过改变再循环烟气量的办法来进行控制与调整。

406. 简述如何改变给煤量。

答：负荷变化时，给煤量要相应地进行调整，改变给煤量一般与改变风量同时进行。

407. 循环流化床锅炉风量调整包括哪些？

答：循环流化床锅炉有一次风量的调整，二次风量、二次风上、下段和三次风以及回料风的调整与分配。

408. 一次风有什么作用？

答：一次风的作用是保证物料处于良好的流化状态，同时为燃料燃烧提供部分氧气。

409. 为什么一次风量不能过大也不能过低？

答：一次风具有保证燃料处于良好的流化状态和为燃料提供部分氧气的作用，所以，一次风量不能低于运行中所需的最低风量。风量过低，燃料不能正常流化，锅炉负荷受到影响，而且可能造成结焦；风量过大，又会影响脱硫，炉膛下部难以形成稳定燃烧的密相区。因此，无论在额定负荷还是在最低负荷时，都要严格控制一次风量在良好沸腾风量范围内。

410. 循环流化床锅炉运行中，通过监视一次风量的变化，可以判断哪些异常现象？举例说明。

答：循环流化床锅炉运行中，通过监视一次风量的变化，可以判断一些异常现象。如：风门未动，送风量自行减小，说明炉内物料层增多，可能是物料返回量增加的结果；如果风门不动，风量自动增大，表明物料层变薄，阻力降低。原因可能是：煤种变化，含灰量减少；料层局部结渣；风从较薄处通过。也可能物料回送系统回料量减少。

411. 简述循环流化床锅炉一、二次风的配比。

答：把燃烧所需要的空气分成一、二次风，从不同位置分别送入流化床燃烧室。一次风比（一次风占总风量的份额）直接决定着密相区的燃烧份额。在同样的条件下，一次风比较大，必然导致高的密相区燃烧份额，此时就要求有较多的温度较低的循环物料返回密相区，带走燃烧释放的热量，以维持密相床温度。如果循环物料不足，必然会导致床温过高，无法多加煤，负荷带不上去。根据煤种不同，一次风量一般占总风量的 50%～70%，二次风量占 20%～40%，播煤风及回料风约占 15%左右。若二次风分段布置，上、下二次风也存在风量分配问题。

412. 二次风在密相床的上部喷入炉膛有什么作用？

答：二次风一般在密相床的上部喷入炉膛，一是补充燃烧所需要的空气；二是可起到扰动的作用，加强气－固两相的混合；三是改变炉内物料浓度分布。

413. 播煤风和回料风应如何调整？

答：播煤风和回料风是根据给煤量和回料量的大小来调整的。负荷增加，给煤量和回料量必须增加，播煤风和回料风也相应增加。播煤风和回料风是随负荷增加而增大的，因此只要设计合理，在实际运行中只根据给煤量和回料量的大小来做相应调整就可以了。

414. 简述风室静压的调整与控制。

答：炉床布风板下的风室静压表也是运行中的主要监视表计。冷态试验时，风室静压力是布风板阻力和料层阻力之和。由于布风板阻力相对较小，所以运行中通过风室静压力大致估计出料层阻力，也就是说，由静压力变化情况，可以了解沸腾料层的运行好坏。良好的流化燃烧时，压力表指针摆动幅度较小且频率高；当指针变化缓慢且摆动幅度加大时，流化质量较差。

415. 循环流化床锅炉床温一般控制在多大范围内？

答：维持正常床温是流化床锅炉稳定运行的关键。目前国内外研制和生产的循环流化床锅炉，沸腾床温度大都选在 800～950℃范围内，鼓泡床锅炉不加石灰石脱硫情况下密相区温度的高低主要由煤种决定的。温度太高，超过灰变形温度，就可能产生高温结焦；温度过低，对煤粒着火和燃烧不利，在安全运行允许范围内应尽量保持高些。燃用无烟煤床温度可控制在 950～1050℃；当燃用较易燃烧的烟煤时，床温度可控制在 850～950℃

范围内。对于加脱硫剂进行炉内脱硫的锅炉，床温一般控制在850～950℃范围内。

416. 对于加脱硫剂进行炉内脱硫的锅炉，为什么床温一般控制在850～950℃范围内？

答：对于加脱硫剂进行炉内脱硫的锅炉，床温一般控制在850～950℃范围内。选用这一床温主要基于两个原因：一是该床温低于绝大多数煤质结焦温度，能有效避免炉床结焦；二是该床温是常用的石灰石脱硫剂的最佳反应温度，能最大限度地发挥脱硫剂的脱硫效率。

417. 循环流化床锅炉在实际运行中如出现床温的超温状况，可能产生哪些不良后果？

答：循环流化床锅炉在实际运行中如出现床温的超温状况，可能产生以下不良后果：

(1) 使脱硫剂偏离最佳反应温度，脱硫效果下降。

(2) 床温或局部床温超过燃料的结焦温度，炉膛出现高温结焦，尤其是布风板上和回料阀处的结焦处理十分困难，只能停炉后人工清除。

(3) 使锅炉出口蒸汽超温，影响后继设备运行。现在生产的循环流化床锅炉很多都采用面式减温器，调温范围有限。一旦出现床温严重超温而引起的蒸汽超温，表面式减温器将不能起到保护过热器及后继设备的作用。

418. 循环流化床锅炉在实际运行中如出现床温的降温状况，会产生哪些不良后果？

答：循环流化床锅炉在实际运行中如出现床温的降温状况，会产生下列不良后果：

(1) 脱硫剂脱硫效果下降；

(2) 炉膛温度低于燃料的着火温度，锅炉熄火；

(3) 锅炉出力下降。

419. 为什么说循环流化床锅炉的床温控制重点是避免超温？

答：炉床的超温后果要比降温后果严重得多，因此，循环流化床锅炉的床温控制重点是避免超温。

420. 影响炉内温度变化的原因有哪些?

答:影响炉内温度变化的原因是多方面的。如负荷变化时,风、煤未能很好地及时配合,给煤量不均或煤质变化,物料返回量过大或过小,一、二次风配比不当等。归纳起来,主要还是风、煤、物料循环量的变化引起的。在正常运行中,如果锅炉负荷没有增减,而炉内温度发生了变化,就说明煤量、煤质、风量或循环物料量发生了变化。风量一般比较好控制,但给煤量和煤质(特别是混合煤)不易控制。运行中要随时监视炉内温度的变化,及时调整。

421. 循环流化床锅炉炉内温度一般采用什么方法进行调整?

答:流化床锅炉的燃烧室是一个很大的"蓄热池",热惯性很大,这与煤粉炉不同,所以在炉内温度的调整上往往采用"前期调节法""冲量调节法"和"减量调节法"。

422. 何谓前期调节法?

答:所谓前期调节法,就是当炉温、气压稍有变化时,就要及时地根据负荷变化趋势小幅度地调节燃料量,不要等炉温、气压变化较大时才开始调节,否则运行将不稳定,波动较大。

423. 何谓冲量调节法?

答:所谓冲量调节法,就是指当炉温下降时,立即加大给煤量。加大的幅度是炉温未变化时的 $1\sim2$ 倍,维持 $1\sim2min$ 后,恢复原给煤量。$2\sim3min$ 时间内炉温如果没有上升,将上述过程再重复一次,炉温即可上升。

424. 何谓减量调节法?

答:减量调节法,则是指炉温上升时,不要中断给煤量,而是把给煤量减到比正常时低得多,维持 $2\sim3min$,观察炉温。如果温度停止上升,就要把给煤量恢复到正常值,不要等温度下降时再增加给煤量。

425. 对于采用中温分离器或飞灰再循环系统的锅炉，为什么说用返回物料量和飞灰来控制炉温是最简单有效的？

答：对于采用中温分离器或飞灰再循环系统的锅炉，用返回物料量和飞灰来控制炉温是简单有效的。因为中温分离器捕捉到的物料温度和飞灰再循环系统返回的飞灰的温度都很低，当炉温突升时，增大循环物料或飞灰再循环量进入炉床，可迅速抑制床温的上升。

426. 如何采用冷渣减温系统来控制床温？

答：有的锅炉采用冷渣减温系统来控制床温。其做法是利用锅炉排出的废渣，经冷却至常温干燥后，由给煤设备送入炉床降温。

427. 为何不宜在循环流化床锅炉的设计中采用喷水（蒸汽）减温系统？

答：采用喷水或蒸汽减温系统控制床温，因其结构简单，操作方便，降温效果良好。但因该系统在喷水（喷蒸汽）时，极易造成炉渣的局部冷结以至于堵塞喷嘴。又因为减温水（蒸汽）的喷入量需借助锅炉的测温系统调节，一旦失调或测量不准，就可能造成减温水（蒸汽）过量喷入，使锅炉床料冷结或熄火。因此，除非锅炉配备精确可靠的测量调节系统，否则不宜在循环流化床锅炉的设计中采用喷水（蒸汽）减温系统。

428. 对于有外置式换热器或者设置烟气再循环系统的锅炉可采取什么方法调节床温？

答：对于有外置式换热器的锅炉，也可通过外置式换热器进行调节床温；对于设置烟气再循环系统的锅炉，也可用再循环烟气量进行调节床温。

429. 为何在调峰电站和供热负荷变化较大的中小型热电站中广泛应用循环流化床锅炉？

答：循环流化床锅炉，负荷可在 25%～110% 范围内变化，升负荷速度一般为每分钟 5%～7% 范围，降负荷速度为每分钟 10%～15% 范围。变负荷能力与煤粉炉相比要大得多。因此，对调峰电站和供热负荷变化较大的中小型热电站，循环流化床锅炉得到了广泛应用。

430. 无外置式换热器的循环流化床锅炉如何进行变负荷调节？

答：无外置式换热器的循环流化床锅炉，其变负荷的调节方法一般采用以下方法：

（1）采用改变给煤量来调节负荷。

（2）改变一、二次风比，以改变炉内物料浓度分布，从而改变传热系数，控制对受热面的传热量来调节负荷。炉内物料浓度改变，传热量必然改变。

（3）改变循环灰量来调节负荷。用循环灰量收集器或炉前灰渣斗，增负荷时加煤、加风、加灰渣量；减负荷时减煤、减风、减灰渣量。

（4）采用烟气再循环，改变炉内物料流化状态和供氧量，从而改变物料燃烧份额，达到调整负荷的目的。

431. 是什么原因导致有些循环流化床锅炉参数达不到设计指标？

答：飞灰循环系统能否正常投入运行，对锅炉负荷和燃烧效率具有十分重要的影响。国内有不少循环流化床锅炉由于分离器捕尘效率不高或飞灰输送不顺畅，达不到设计要求的循环倍率，致使炉内粒子浓度不够，传热系数与设计值相差甚远，因而锅炉参数达不到设计指标。

432. 为什么说在运行中飞灰系统的正常运行主要取决于回料器的工作特性？

答：在运行中，因分离器的结构已定，其分离灰量随负荷的变化而有所波动，因此该系统的正常运行主要决定于回料器的工作特性。

433. 为什么说流化密封回料阀在国内外循环流化床锅炉上得到了广泛的应用？

答：流化密封回料阀有自调节性能，在国内外循环床锅炉上得到了广泛的应用。

434. 循环流化床锅炉上常用的流化密封回料阀由哪些部分组成？

答： 图 4-3 为循环流化床锅炉上常用的流化密封回料阀。阀体由一块不锈钢板将其分为储灰室和送灰室。其布风系统由风帽、布风板和两个独立的风室组成。风量由一次风管引来，由阀门控制。根据需要可分别调节储灰室和送灰室的风量，达到改变回送灰量的目的。

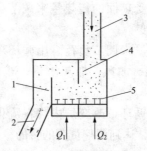

图 4-3 U 形阀结构示意图
1—挡板；2—回料管；3—立管；4—隔板；5—风帽

435. 达到什么调节时，可投入再循环系统？

答： 锅炉点火成功正常投运约 4h 后，回料阀中已积满了灰，这时可投入再循环系统。

436. 为什么在准备投运飞灰循环时，可将床温调整到上限区内？

答： 投运前，先从回料阀底部的放灰管排放一部分沉灰，然后缓慢开启储灰室的风门，使其中的灰有所松动，再逐渐开启送灰室的风门，将飞灰送入炉内。开启阀门时，要特别仔细，由于启动过程中物料惰性及摩擦阻力的影响，送风开始时飞灰不能送入。当风量加大到某一临界值后，飞灰则大量涌入炉内，致使床内正压，床温骤降，甚至因流入床内的飞灰太多而熄火。所以在准备投运飞灰循环时，可将床温调整到上限区内，即 950～1000℃。这样可承受床温骤降的影响。同时回料阀的风量控制阀门应密封良好，开启灵活，调节性能好。

437. 如何控制循环灰量的大小？

答： 飞灰循环系统投运后，要适当调整回料阀的送灰量。一般回料阀的料腿管上安装有一个观察孔，通过该孔上的视镜可清楚地看到橘红色的灰流，调整两个送风阀门就可以方便地控制循环灰量的大小。

438. 飞灰循环燃烧系统正常投运后，回料阀与分离器相连的立管中应有一定的料柱高度，其作用是什么？

答： 飞灰循环燃烧系统正常投运后，回料阀与分离器相连的立管中应有一定的料柱高度，其作用是一方面阻止床内的高温烟气反串入分离器，破坏正常循环；另一方面又具有压力差，使之维持系统的压力平衡。

439. 为什么在正常运行中，一般不需要去调整回料阀的风门开度，同时还要不定期地从回料阀下灰管排放一部分灰？

答： 当炉内运行工况变化时，回料阀的输送特性能自行调整。如锅炉负荷增加时，飞灰夹带量增大，分离器捕灰量增加；如回料阀仍维持原输送量，则料柱高度上升，压差增大，因而物料输送量自动增加，使之达到平衡。反之，当负荷下降时，料柱高度也随之减小，物料输送量也自动减少，飞灰循环系统达到新的平衡。因此，在正常运行中，一般不需要去调整回料阀的风门开度，但要经常监视回料阀及分离器内的温度状况。同时还要不定期地从回料阀下灰管排放一部分灰，以减轻尾部受热面的磨损和减少后部除尘器的负担。

440. 在正常运行中是否需要经常监视回料阀及分离器内的温度状况？

答： 在正常运行中，需要经常监视回料阀及分离器内的温度状况。

441. 为什么要排放沉积在回料阀底部的粗灰粒以及因磨损而使分离器壁面脱落下来的耐火材料？

答： 因在回料阀底部的粗灰粒以及因磨损而使分离器壁面脱落下来的耐火材料对回料阀的正常运行构成危害，所以这些脱落物需要排放。

第七节 循环流化床锅炉运行中的常见问题及处理

442. 在循环流化床锅炉的实际运行中，经常遇到哪些问题？

答：在循环流化床锅炉的实际运行中，经常遇到一些问题。这些问题可概括为两个方面：一是操作技术问题；二是设备在设计、制造、安装等方面存在的问题。

443. 为什么循环流化床锅炉的磨损高于其他炉型？

答：由于循环流化床锅炉自身特有的气固两相流动特点，使得其磨损明显高于其他炉型，这也是循环流化床锅炉亟待解决的问题。

444. 循环流化床锅炉存在的根本问题是什么？

答：循环流化床锅炉存在的最根本的问题是锅炉额定蒸发量达不到设计值。

445. 影响循环流化床锅炉额定蒸发量达不到设计值的因素主要有哪些？

答：影响这一问题的因素是多方面的，主要有：出力不足、床层结焦问题、回料系统故障。

446. 造成循环流化床锅炉出力不足的重要原因是什么？

答：分离器运行实际效率达不到设计要求是造成锅炉出力不足的重要原因。

447. 循环流化床锅炉分离器效率低的原因有哪些？

答：锅炉设计时采用的分离器效率往往是套用小型冷态模型试验数据而定的。然而，在实际运行时，由于热态全尺寸规模与冷态小尺寸模化有较大差异。例如温度、物料特性（尺寸）、结构设计、二次夹带等因素以及负荷变化等影响，使分离器实际效率显著低于设计值，导致小颗粒物料飞灰增大和循环物料量的不足。因而造成悬浮段载热质（细灰量）及其传热量不足，炉膛上、下部温差过大，使锅炉出力达不到额定值，还造成飞灰可燃物含量增大，影响燃烧效率。

448. 保证循环流化床锅炉正常运行的关键因素是什么？

答：循环流化床锅炉的运行是否正常，是否能够达到额定出力，物料的平衡和热量的平衡是关键。

449. 直接影响循环流化床锅炉运行工况的因素是什么？

答：运行时实际燃烧份额分配与设计是否相符合会直接影响运行工况。

450. 何谓物料平衡？

答：所谓物料的平衡，简单地说，就是炉内物料与锅炉负荷之间的对应平衡关系。

451. 物料平衡包括哪三个方面的含义？

答：物料的平衡包括三个方面的含义：一是物料量与相应物料量下锅炉负荷之间的平衡关系；二是物料的浓度梯度与相应负荷之间的平衡关系；三是物料的颗粒特性与相应负荷之间的平衡关系。这三个含义，缺一不可。

452. 为什么说如果要保证锅炉的出力，首先要保证物料的平衡？

答：对于循环流化床锅炉，每一负荷工况下，均对应着一定的物料量、物料梯度分布和物料的颗粒特性。炉内物料量的改变，必然影响炉内物料的浓度，从而影响传热系数，负荷也就随之改变。如果仅仅在量上达到了平衡，而浓度的分布不合理，也必然会影响炉内温度的均匀性和热量的平衡。另外，即使上述两个条件均满足，但物料的颗粒特性达不到设计要求，也很难使负荷稳定。反过来说，在物料的颗粒特性与负荷不平衡的条件下达到物料量和浓度分布的平衡是很难的，仅仅通过改变一、二次风比的方法来调整物料的浓度分布，必然会影响炉内的动力特性，而且物料的颗粒大小对炉内传热系数也有影响。因此，若要保证锅炉的出力，首先要保证物料的平衡。

453. 何谓热平衡?

答: 所谓热平衡, 就是指燃料在燃烧室内沿炉膛高度上、中、下各部位所放出的热量与受热面所吸收的热量的平衡。

454. 什么情况下循环流化床锅炉才能有一个较均匀、理想的温度场?

答: 只有达到热平衡时, 炉内才能有一个较均匀、理想的温度场。一般来说, 循环流化床锅炉燃烧室内横向、纵向温度差都不会超过 50℃ (一般都在 20℃左右)。只有在一个较理想的温度场下, 炉内各部分才能保证实现设计的放热系数, 工质才能吸收所需的热量, 从而达到各部位热量的平衡, 保证锅炉出力。

455. 怎样才能达到循环流化床锅炉的热平衡和物料平衡?

答: 热平衡与物料的平衡是相辅相成的, 要达到这两种平衡, 必须确定进入燃烧室内的燃料在上、中、下各部位的燃烧份额。

456. 如果循环流化床锅炉在各部位的燃烧份额分配不合理, 会造成什么样的后果?

答: 如果在循环流化床锅炉各部位的燃烧份额分配不合理, 就必然造成局部温度过高, 而另一些部位温度又太低, 受热面吸收不到所需的热量, 从而影响锅炉的出力。

457. 燃料的粒径和份额级配不合理会造成什么样的后果?

答: 循环流化床锅炉的入炉煤中所含较大颗粒只占很少一部分, 而较细颗粒的份额所占的比例却较大, 也就是要求有合适的级配。而实际运行时由于煤种的变化而影响燃料颗粒特性及其级配, 造成锅炉出力下降。

458. 循环流化床锅炉受热面布置不合理会出现什么样的情况?

答: 悬浮段受热面与密相区受热面布置不恰当或有矛盾, 特别是在烧劣质煤时, 密相区内受热面布置不足, 锅炉负荷高时则床温超温, 这无形中限制了锅炉负荷的提高。

459. 锅炉配套辅机的设计不合理是否影响循环流化床锅炉的正常运行？

答： 循环流化床锅炉能否正常运行，不仅仅是锅炉本体自身的问题，锅炉辅机和配套设备是否适应循环流化床锅炉的特点对锅炉也会有很大影响。特别是风机，如果它的流量、压头选择不当，将影响锅炉出力。总之，循环流化床锅炉本体，锅炉辅机和外围系统以及热控系统，这些必须作为一个整体来统一考虑。只有改善这些因素，才能使锅炉能够满负荷运行。

460. 循环流化床锅炉床层结焦不及时处理会发生什么后果？

答： 对于大多数循环流化床锅炉，结焦现象主要发生在炉床部位。结焦要及时发现及时处理，不可使焦块扩大或全床结焦时再采取措施，否则，不但清焦困难，而且易损坏设备。

461. 循环流化床锅炉床层结焦的原因有哪些？

答： 循环流化床锅炉结焦有以下几种原因：

（1）操作不当，造成床温超温而产生结焦。

（2）运行中一次风量保持太小，低于最小流化风量，使物料不能很好流化而堆积，改变了整个炉膛的温度场，悬浮段燃烧份额下降，锅炉出力降低，这时盲目加大给煤量，必然造成炉床超温而结焦。

（3）燃料制备系统的选择不当。燃料级配过大，粗颗粒份额造成较大，造成密相床超温而结焦。

（4）煤种变化太大。

462. 燃煤中灰分高是否能保持循环流化床锅炉循环物料量的平衡？

答： 对循环流化床来说，燃煤中灰分高在运行上是一个有利条件，即使分离器效率略低，也能保持循环物料量的平衡。

463. 煤的挥发分低，对循环流化床锅炉有何影响？如何处理？

答： 煤的挥发分低是不利条件，炉膛下部密相区容易产生过多热量。解决的办法是将一部分煤磨细些，使之在悬浮段燃烧。

464. 为什么说对某一台循环流化床锅炉及其燃料制备系统来说，不适用于燃烧任何煤种？

答：对既定的燃料制备系统来说，一般都是根据某一设计煤种来选取的，虽然有一定的煤种适应性，但如果煤种的变化范围过大，肯定有不适合这种破碎系统的煤种，而这种煤又恰恰是挥发分含量低，运行人员又没及时发现，时间一长就会结焦。因此可以概括说，循环流化床锅炉可以烧各种燃料，但这对某一台循环流化床锅炉及其燃料制备系统来说，却是不适用的。

465. 举例说明通过哪些现象可以判断发生了结焦。

答：如：风室静压波动很大，有明亮的火焰从床下串上来，密相区各点温差变大等，遇到这种情况，说明多半是发生了结焦。

466. 循环流化床锅炉在运行中怎样可以防止结焦发生？

答：在循环流化床锅炉运行中，如果合理控制床温在允许范围内，进行合理的风煤配比，就可以防止结焦的发生。

467. 循环流化床锅炉在点火过程中也可能出现低温结焦和高温结焦，这是否会影响点火？

答：循环流化床锅炉在点火过程中也可能出现低温结焦和高温结焦，同样会给点火带来困难或使点火失败。

468. 何谓低温结焦？

答：低温结焦，是在点火过程中，整个流化床的温度还很低，只有 400~500℃，但由于点火过程中风量较小，布风板均匀性差，流化效果不好，使局部达到着火温度。虽然尚未流化但此时的风量却足以使之迅速燃烧，致使该处物料温度超过灰熔点，发现后处理不及时就会结焦。此时，整个床层的温度还很低，故称为低温结焦。

469. 低温结焦有何特点？当发现低温结焦时应如何处理？

答：低温焦块的特点是熔化的灰渣与未熔化的灰渣相互黏结。当发现结焦时，应立即用专用工具推出，然后重新启动。

470. 何谓高温结焦？结焦后应如何处理？

答： 高温结焦是在点火后期料层已全部流化，床温已达到着火温度，此时料层中可燃成分很高，使床料燃烧异常猛烈，温度急剧上升，火焰呈刺眼的白色。当温度超过灰熔化温度时灰渣形成，质坚块硬。这种结焦一经发现要立即处理，否则会扩大事态。

471. 应如何避免低温结焦和高温结焦？

答： 对于低温结焦和高温结焦，只要认真做好冷态试验，控制好温升及临界流化风量并按点火过程进行操作，就可以避免结焦。

472. 循环流化床锅炉运行中回料系统故障主要包括哪几个方面？

答： 循环流化床锅炉运行中回料系统故障主要包括结焦、分离器分离效率下降、回料阀烟气反窜、回料阀堵塞。

473. 高温分离器回料系统结焦的根本原因是什么？结焦部位可发生在哪些部位？

答： 结焦是高温分离器回料系统的常见故障。其根本原因是物料温度过高，超过了灰渣的变形温度而粘结成块。结焦部位可发生在分离器内、立管内和回料阀内。

474. 高温分离器结焦的主要原因是什么？

答： 高温分离器结焦的主要原因是：

（1）燃烧室超温。高温分离器运行时温度与燃烧室温度相近，有的甚至高于燃烧室温度。如果燃烧室运行时超温，则进入旋风分离器的循环灰温度容易超过灰的变形温度，甚至引起未燃碳的二次燃烧，从而引发结焦。

（2）回料系统漏风。正常工况下回料系统应无漏风，旋风筒内烟气含氧量少，循环灰以一定速度移动，停留时间较短，因此不足以引起循环灰燃烧；反之若有漏风，则易引起循环灰中碳燃烧而结焦。

（3）循环灰中含碳量过高。如锅炉点火启动时燃烧不良，或运行中风量与燃煤粒度匹配不佳，或燃用矸石、无烟煤等难燃煤，因其挥发份少、细粉量多、着火温度高、燃烧速度慢等原因，都可导致过多未燃细碳粒进入旋风分离器而使循环灰中含碳量增加。灰中含碳量高则增大了结焦的可能性。

（4）循环灰量太少。灰量少使得循环灰在回料系统中移动太慢，几近静止，易引起结焦；同时灰量太少易使燃烧室烟气携带煤粒倒卷吹入返料器，也易引起结焦。

（5）回料通路塌落或有异物大块堵塞，或返料风量太小，物料无法回送，积聚起来导致结焦。

475. 防止高温分离器结焦的措施有哪些？

答：防止措施有：

（1）使用煤种及其粒径配比尽量与设计一致；如果煤种变化后灰熔点降低，则燃烧室运行温度应进行相应调整；燃用矸石、无烟煤时尽早按一、二次风比例投入二次风，以加强煤在燃烧室中的燃烧，减少在回料系统中的后燃；制煤设备应及时调整以达到粗细颗粒的合理配比。

（2）运行中应密切监视高温旋风分离器温度，发现分离器超温，调节风煤比控制燃烧室温度，如不能纠正则立即停炉查明原因。

（3）检查回料系统的密封是否良好，发现漏风及时解决。

（4）检查回料系统是否畅通，有异物及时排除。

（5）保证适当的返料风量。风帽堵塞，返料风室中有落灰等，均会引起返料风量减小。发现此类问题要及时解决。

476. 影响高温旋风分离器分离效率的因素有哪些？

答：影响高温分离器分离效率的因素很多，如形状、结构、进口风速、烟温、颗粒浓度与粒径等。

477. 循环流化床锅炉运行中分离器效率下降的因素有哪些？

答：运行中分离器效率如有明显下降则可考虑以下因素：

（1）分离器内壁严重磨损、塌落从而改变了其基本形状；

（2）分离器有密封不严之处导致空气漏入，产生二次携带；

（3）床层流化速度低，循环灰量少且细，分离效率下降。

在此需强调的是漏风对分离效率的影响远大于一般人的想象。正常状态下，分离器旋风筒内静压分布特点为外周高中心低，锥体下端和灰出口处甚至可能为负压。分离器筒体尤其是排灰口处若密封不佳，有空气漏入，就会增大向上流动的气速，并把筒壁上已分离下来的灰夹带走直接由排气管排出，严重影响分离效率。且漏风可引起结焦，故漏风问题不可小觑。

478. 防止循环流化床锅炉运行中分离器效率下降的措施有哪些？

答：防止循环流化床锅炉运行中分离器效率下降的措施有：

（1）发现分离器效率明显降低先检查是否漏风、窜气，如有则解决漏风和窜气问题；

（2）检查分离器内壁磨损情况，若磨损严重则需进行修补；

（3）检查燃煤粒度和流化风量，应使流化风量与燃煤粒度相适应，以保证一定的循环物料量。

479. U 形阀（回料阀）在运行中有什么作用？

答：U 形阀（回料阀）属自动调整型非机械阀，在运行中主要作用是：①把循环灰由压力较低的分离器灰出口输送到压力较高的燃烧室；②防止燃烧室烟气反窜进入分离器。

480. 回料阀发生何种现象时，说明回料阀失去作用？

答：一旦出现烟气从燃烧室经返料器短路进入旋风分离器的现象，则说明回料系统的正常循环被破坏，回料阀也就无法完成使命。

481. 回料阀烟气反窜的原因是什么？

答：回料阀烟气反窜的原因是：

（1）回料阀立管料柱太低，不足以形成料封，被返料风吹透；

（2）返料风调节不当，使立管料柱流化；

（3）返料器流通截面较大，循环灰量过少，燃烧室烟气会吹进返料器。

482. 防止回料阀烟气反窜的措施有哪些？

答：防止回料阀烟气反窜的措施有：

（1）设计时应保证一定的立管高度，返料器流通截面应根据循环灰量适当选取；

（2）对小容量锅炉，因立管较短，应注意启动和运行中对回料阀的操作：①锅炉点火前，返料风关闭，回料阀及立管内要充填细循环灰，形成料封；②点火投煤稳燃后，等待分离器下部已积累一定量的循环灰，缓慢开启返料风，注意立管内料柱不能流化；③正常循环后，返料风一般不须调整；④压火后热启动时，应先检查立管和回料阀内物料是否足以形成料封；其他操作同冷态启动。

总之，回料阀操作的关键是保证立管的密封，保证立管内有足够的料柱能够维持正常循环。

（3）对大容量锅炉，立管一般有足够高度，但应注意返料风量的调节。发现烟气反窜可关闭返料风，待返料器内积存一定循环灰后再小心开启返料风，并调整到适当大小。

483. 回料阀堵塞有什么危害？

答：回料阀是循环流化床锅炉的关键部件之一，如果回料阀突然停止工作，会造成炉内循环物料量不足，气温、气压急剧降低，床温难以控制，危及正常的运行。

484. 回料阀堵塞有哪几种情况？

答：一般回料阀堵塞有两种情况：一是由于流化风和回风量不足，造成循环物料大量堆积而堵塞。特别是 L 型回料阀，由于它的料腿垂直段较长，储存量较大，如果流化风量不足，不能使物料很好地进行流化很快就会堵塞。

第二种情况是回料阀处的循环灰结焦而堵。

485. 回料阀通风不足的原因有哪些？

答：通风不足的原因有以下几方面：①回料阀下部风室落入冷灰使流通面积减小；②风帽小孔被灰渣堵塞，造成通风不良；③风帽的开孔率不够，不能满足流化物料所需的流化风；④回料系统发生故障；⑤风压不够。以上这些因素才有可能造成物料流化不良而最终使回料系统发生堵塞。

486. 回料阀堵塞时应如何处理？

答：回料阀堵塞要及时发现及时处理，否则，堵塞时间一长，物料中可燃物质可能会再次造成超温、结焦，扩大事态，给处理增加了难度。处理时，要先关闭流化风，利用下面的排灰放掉冷灰，然后再采用间断送风的形式投入回料阀。

487. 回料阀处的循环灰结焦与哪些因素有关？

答：回料阀处的循环灰结焦与流化程度、循环物料的温度、循环物料量的多少都有关系。如果回料阀处漏风，也会造成局部超温而结焦。

488. 为避免回料阀堵塞事故的发生，应采取哪些措施？

答：为避免回料阀堵塞事故的发生，应对回料阀进行经常性检查，监视其中的物料温度，特别是彩高温分离器的回料系统，选择合适的流化风量和松动风量，并防止回料阀处漏风。

489. 循环流化床锅炉故障有设计原因和运行原因，作为设计单位和运行单位应采取什么措施防止和减少事故的发生？

答：循环流化床锅炉故障有设计原因和运行原因。作为设计单位，应力求解决结构隐患，优化结构设计；而作为运行人员，则应努力提高循环流化床的理论水平，用心积累操作经验。在运行中勤动眼、勤动脑，不断提高运行水平，以充分发挥循环流化床这一清洁燃烧技术的优势。

第八节　循环流化床锅炉的磨损及防磨措施

490. 何谓磨损？有什么危害？

答：磨损是相互接触的物体在做相对运动时，表层材料不断发生损耗，转移或者产生残余变形的过程。磨损不仅消耗材料，浪费能源，而且直接影响部件的寿命和可靠性。

491. 磨损分为哪几种？

答： 按照磨损的机理不同，把磨损分为粘着磨损、磨料磨损、疲劳磨损、腐蚀磨损、微动磨损、气蚀或冲蚀磨损等。在循环流化床锅炉中，部件的磨损主要表现为冲蚀磨损。

492. 何谓冲蚀磨损？

答： 所谓冲蚀磨损，是指当流体或固体颗粒以一定的速度或角度对材料表面进行冲击造成的磨损。

493. 冲蚀磨损有哪两种基本类型？

答： 冲蚀磨损有两种基本类型，一种称为冲刷磨损，另一种为撞击磨损，这两种磨损冲蚀表面的流失过程的微观形貌是不完全相同的。

494. 简述冲刷磨损和撞击磨损的机理。

答： 对于冲刷磨损，颗粒与固体表面的冲击角较小，甚至接近平行，颗粒滑过固体表面时起到一种刨削作用，此时固体表面的磨损速率较均匀；对于撞击磨损，颗粒相对于固体表面冲击角较大，或接近于垂直，使固体表面出现塑性变形或显微裂纹，经过颗粒反复撞击，变形层脱落导致磨损量突升。另外，反复碰撞的结果使固体表面疲劳破坏，随着时间迁移，磨损速率有增长的趋势。磨损率变化的情况可作为区分这两类磨损的标志。

495. 为什么循环流化床锅炉的转折区存在严重的磨损？

答： 在密相区一般不布置受热面或在其外面敷设耐火材料，这样在水冷壁与耐火材料分界处往往会形成凸台，也就是所谓的转折区，转折区的存在导致固体物料的流向改变，因此引起动量的改变，在转折区就受到冲力的作用，大大加剧了该处的磨损，大多数循环流化床锅炉水冷壁和耐火材料的接合面之间的磨损都成为严重磨损问题。

496. 何谓磨损量？

答： 磨损量是表示磨损结果的绝对指标，常用尺寸变化、体积变化和质量变化来表示，如常用的线磨损量、体积磨损量、质量磨损量等。显然，在其他条件相同的情况下，其值越大，其抵抗磨损的性能越差。

497. 何谓磨损率？

答：磨损率：一般情况下，用磨损量与发生磨损所经历的时间关系来表述。常用线磨损量与其经历磨损的时间比值来描述，如磨损率为 1mm/1000h 或 $1\mu m/h$ 等。

498. 何谓耐磨性？

答：耐磨性指材料抵抗磨损的性能。如某耐磨耐火砖在 1000℃，3h 后耐磨性为 $9.5cm^3$。其值越小，耐磨损性能越好。

499. 循环流化床锅炉主要的磨损部位有哪些？

答：通过对目前运行的循环流化床锅炉的实测和分析，循环流化床锅炉主要的磨损部位有承压部件、内衬、旋风分离器及回料器等。

500. 在什么情况下承压部件的磨损速度较慢？

答：当物料流动方向与承压部件管束表面方向一致，且管束表面光滑时，磨损速度较慢且均匀；管束表面处于较高温状态下时硬度大，耐磨性就好，磨损速度就慢。

501. 在什么情况下承压部件的磨损速度较快？

答：当管束表面较粗糙时，这时的摩擦阻力大，磨损速度加快。当物料密度大、粒度大、硬度大时，磨损速率就大。当烟气及物料流速高时，磨损就加快。管束表面与物料流动方向有夹角时，磨损速度明显加快，而当方向垂直时，磨损速度最快。

502. 炉膛水冷壁的磨损分为哪两种情形？

答：水冷壁管的磨损是循环流化床锅炉中常见的磨损问题，也是承压部件中磨损最严重部位之一。根据磨损的部位不同，炉内水冷壁管磨损可分为以下两种情形：

（1）水冷壁与耐火材料交界处的磨损；

（2）不规则管壁的磨损。

503. 为什么早期的循环流化床锅炉水冷壁磨损问题不大？

答：大多数早期设计的循环流化床锅炉燃烧和吸热是分开的，吸热主要是在对流烟道和外置换热床中完成。因此整个炉膛都敷设耐火材料，对水冷壁有很好的保护作用，对这些循环流化床锅炉而言，水冷壁管的磨损问题不大。

504. 为什么后来设计的循环流化床锅炉存在过渡区的水冷壁磨损？

答：后来设计的循环流化床锅炉在炉膛内稀相区的水冷壁不再敷设耐火材料，仅在炉膛下部浓相区的水冷壁管上敷设耐火材料，在燃烧的同时吸收部分热量。这就存在着耐火材料与水冷壁的交界和过渡，在过渡区部分，气—固两相的正常流动发生变化，导致此区域的水冷壁磨损。

505. 简述水冷壁与耐火材料交界处的磨损。

答：水冷壁管与耐火材料过渡区域的磨损形式如图 4-4 所示，磨损发生在炉膛下部耐火材料与水冷壁管的交界处。国内外循环流化床锅炉此处的磨损现象都比较严重，国外各主要循环流化床锅炉制造厂家如 Pyropower，ABB-CE，B&W，Lurgi 等生产的循环流化床锅炉也都发生了这种现象。Pyropower 公司生产的一台安装于美国加州 Stockton 的 49.9MW 循环流化床锅炉，炉膛下部耐火材料高度约为 4.6m，燃用低硫煤，其水冷壁管在耐火材料过渡区域焊有防磨盖板延伸至水冷壁管以上 100mm。在运行 8 天后就发现防磨盖板有明显的磨损，再继续运行 5 周以后已扩展至水冷壁管本身。所测得的最大磨损速率高达 5.2mm/1000h。图 4-5 为Pyropower 公司早期循环流化床锅炉耐火材料与水冷壁过渡区域示意图；图 4-6 为循环流化床锅炉耐火材料与水冷壁过渡区域的磨损机理图。

506. 循环流化床锅炉的不规则管壁包括哪些？

答：循环流化床锅炉的不规则管壁主要包括穿墙管、炉墙开孔处的弯管、管壁上的焊缝等，此外还有一些炉内测试元件，如热电偶等。

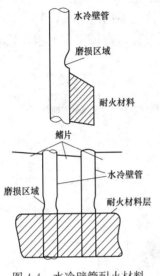

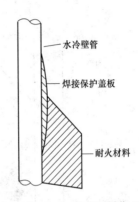

图 4-4 水冷壁管耐火材料
过渡区域的磨损

图 4-5 Pyropower 公司早期 CFBB
耐火材料与水冷壁过渡
区域示意图

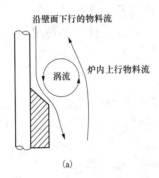

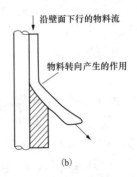

(a)

(b)

图 4-6 循环流化床锅炉耐火材料与水冷壁管过渡区域的磨损机理
(a) 局部产生涡流；(b) 流动方向改变

507. 简述循环流化床锅炉不规则管壁的磨损。

答：运行经验表明，即使很小几何尺寸的不规则也会造成局部的严重磨损。

循环流化床锅炉炉膛部分必须开设如人孔门、观火孔等圆孔。在目前几乎所有已投运的循环流化床锅炉中，绝大多数锅炉都在炉膛炉墙开孔处的弯管区域发生了程度不同的磨损，其中开孔上部的弯管磨损较轻，而开孔下部的弯管则磨损比较严重。炉墙开孔处弯管的磨损区域见图 4-7。

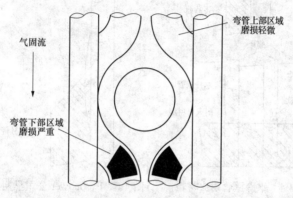

图 4-7　炉墙开孔处弯管的磨损区域

508. 简述对接水冷壁焊缝的磨损。

答：对接水冷壁焊缝的磨损首先发生在焊缝的上部，在这种情况下焊缝磨平以后磨损即终止；而在另外一些情况下，焊缝上面的管子也发生磨损。这类磨损现象在炉膛的浓相区相对较为严重。

509. 为什么插入热电偶附近的水冷壁会产生磨损？

答：对于用于测试温度的热电偶，为测得炉内真实温度而必须有足够的插入深度，插入热电偶会对局部的流动特性造成较大的影响，产生扰流造成邻近水冷壁管的磨损。

510. 循环流化床锅炉炉膛角落水冷壁磨损比较严重，其原因可能是什么？

答：在一些已运行的循环流化床锅炉中，已发现炉膛角落水冷壁磨损比较严重，其原因可能是角落区域内沿壁面向下流动的固体物料浓度比较高，同时流动状况也受到破坏所致。

511. 循环流化床锅炉炉膛内屏式翼形管、屏式过热器、水平过热器管屏的磨损主要取决于哪些方面？

答：炉膛内屏式翼形管、屏式过热器、水平过热器管屏的磨损机理与炉内水冷壁管磨损机理相似，主要取决于受热面的具体结构和固体物料的流动特性等。

512. 循环流化床锅炉炉膛顶部受热面的磨损问题可采取什么措施解决？

答：炉膛顶部受热面的磨损问题可通过将炉顶与去旋风分离器的水平烟道拉开足够的距离来解决。

513. 循环流化床锅炉对流烟道受热面磨损主要发生在什么部位？

答：从国内已经投运的一些循环流化床锅炉来看，对流烟道受热面的磨损仍是一个较为严重的问题，目前投运的循环流化床锅炉已出现严重的磨损现象，磨损发生的主要部位出现在省煤器两端和预热器进口处。

514. 造成循环流化床锅炉对流烟道受热面磨损的主要原因有哪几个方面？

答：造成对流烟道受热面磨损的主要原因有以下几个方面：

（1）分离器效率达不到设计值。

（2）设计上考虑不周。

（3）安装时出现误差。

（4）受热面材质不好。

515. 为什么分离器效率达不到设计值时，会造成省煤器和空气预热器的严重磨损？

答：由于省煤器和空气预热器均布置在旋风分离器之后，若分离器效率达不到设计值，较多的飞灰颗粒进入尾部对流受热面，造成严重的磨损问题。

516. 在循环流化床锅炉中，配置有分离器回送装置，表面上看分离效率很高，但为什么省煤器等尾部受热面仍磨损严重？

答：在循环流化床锅炉中，配置有分离器回送装置，为了能维持正常运行所需的物料循环，分离效率常常高达 95％以上。表面上似乎是降低了尾部烟道的飞灰浓度，仔细分析后可发现，尽管分离效率很高，但由于炉内固体物料浓度很高，分离器未能捕集而随烟气进入对流烟道的飞灰量的绝对值仍可能很高，因而对流烟道中的飞灰浓度仍相当大，同时在尾部烟道中烟气一般向下流动，固体颗粒一边随烟气流动，同时又受重力作用，颗粒的绝对速度是烟气速度加颗粒终端速度，比炉膛内烟气是上升气流时的绝对速度要高，高的颗粒浓度加上高的颗粒速度，常常导致省煤器等尾部受热面的磨损严重。

517. 简述循环流化床锅炉承压部件冲刷磨损的机理。

答：循环流化床锅炉承压部件冲刷磨损的机理：

(1) 当烟气、物料流动方向与管束布置方向总体一致，但在某一部位发生跳跃时，对该部位造成快速磨损，直至这一部位磨损与管束一致时，磨损迅速减缓，比如水冷壁管连接的焊口、筋片、耐火材料接缝处，如果有凹或凸起，不但对连接部位的焊口、筋片会造成快速的磨损，而且还将对附近的水冷壁造成冲刷磨损。这是由于物料流动在凹或凸部位时改变方向，直接冲击水冷壁的某个部位，冲击摩擦力和损失较大，造成该处水冷壁的快速冲刷磨损。

(2) 当物料下落过程中某一部位因有凸台和物料堆积而突然发生转向时，物料在该部位将发生涡流而造成严重的冲刷磨损，比如砂粒沿水冷壁自上而下落到耐火材料上沿时，将迅速改变方向，此处没有上行的气流流化，在上沿角内沉积的砂从耐火边缘流出时，又被上行的流化风托起，沿水冷壁落下，如此反复形成涡流。该处涡流物料密度特别大，由于在炉膛下部粒度也较大，因而必将造成该部位的快速而严重的磨损。

518. 简述循环流化床锅炉承压部件冲击磨损的机理。

答：循环流化床锅炉承压部件冲击磨损的机理：

（1）当物料与管束呈现切向或一定角度相碰时，磨损是大面积的，管束一般是垂直布置，物料从切向或角向撞击时，特别是炉膛出口速度较快，其磨损程度与其物料流动方向和速度关系较大。比如炉膛出口侧水冷壁，因其物料撞击方向与速度不一样，其磨损程度沿前面方向和烟道上下高差分布是不一样的，越接近出口磨损越严重，越靠近上部越严重，与出口烟道相齐位置最严重。由于出口烟气物料有旋转，前后方向的中部磨损也应比较严重，这是由于离出口越近，物料的速度越高，深度越高，而上部原有物料在碰撞改变方向后一部分被烟气带走，一部分沿水冷壁管掉入炉膛，其越向下水壁掉的物料越多，形成了部分保护层，而此处的物料切向冲刷水冷壁时，有的只冲刷了物料，从而减轻了物料对水冷壁的冲刷。如果安装时在工艺上未注意，某根管子不在一个面上而是凸向炉膛，这根管子将首先被快速磨损。

（2）当物料与管束垂直相碰时，其磨损速度是所有磨损中最快的。这是由于物料与管束垂直撞击，能量损失最大，管束表面承受的冲击和磨损也最大，如布置在炉膛中部的二级过热器和烟道进口一、二排拉稀水冷壁管。同时，由于烟气流速分布的差别，其携带的物料密度也有差别，当烟气从旋风分离器出来进入烟道时，上部烟速最高，携带的物料浓度最大，对一、二排水冷壁管上部磨损也最严重。另外，沿水平方向磨损也不一样，中部最严重，也是烟速最高，物料密度最大造成的，而二级过热器前面的烟气均匀，磨损也就基本一致。

519. 微振磨损（微动磨损）主要发生在什么地方？

答：微振磨损主要是发生在外置式换热器中的一种磨损形式。

520. 设置耐火材料的目的是什么？

答：耐火材料设置目的主要是为了防止锅炉高温烟气和物料对金属构件的高温氧化腐蚀和磨损，并具有隔热作用。物料的循环磨损，首先发生在耐火材料上，从而保证金属结构的使用寿命，这是保证循环流化床锅炉长期安全运行的主要措施之一，也是循环流化床锅炉的主要特色之一。

521. 循环流化床锅炉使用耐火材料的主要区域有哪些?

答：循环流化床锅炉使用耐火材料的主要区域有燃烧室、高温分离器、外置式换热器、烟道及物料回送管路等，具体部位如图 4-8 所示。图中以粗黑实线表示关键耐火材料衬里区域。

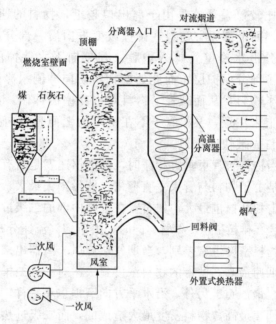

图 4-8　循环流化床锅炉耐火材料使用区域

522. 循环流化床锅炉内衬磨损的主要部位有哪些?

答：内衬磨损的主要部位有燃烧室、旋风分离器入口及筒体、立管及返料器、膨胀节。

523. 循环流化床锅炉燃烧室磨损的原因是什么?

答：循环流化床锅炉的主要优点之一就是具有较强的负荷调节

性能。在循环流化床锅炉中，正常运行时燃烧室温度达到 $900\sim$ $1000℃$，为适应负荷变化或调峰的需求，经常会出现负荷波动而发生热负荷和温度循环变化，或者由于调峰需求而进行启动或停炉，如有时燃烧室内温度的变化在几分钟就可达到 $500℃$，有时一周之内可能有十几次启动、停炉，这些均会造成对燃烧室耐火材料的热冲击和热应力，使耐火材料受到破坏。

炉膛部分采用厚炉衬，由 $75\sim150mm$ 的致密抗磨损的浇注料或可塑料覆盖住相似厚度的保温材料构成，通常毁坏都由过度的裂缝和挤压剥落而引起。干燥时的收缩、热震、应力下的塑性变形是产生裂缝的主要原因。不锈钢纤维有助于减少裂缝，但是不能彻底解决问题。当床料被裂缝夹住时，炉衬反复的温度循环变化时就会出现挤压剥落。

524. 燃烧室常用的衬里材料有哪些？

答：燃烧室常用的衬里材料有在燃烧区域使用磷酸盐黏合的莫来石基耐火可塑料、位于炉膛上部的稀相区常用碳化硅（SiC）瓦、在焊有销钉的管子上都使用碳化硅基浇注料。

525. 为什么磷酸盐黏合的莫来石基耐火可塑料在燃烧区域内经久耐用？

答：磷酸盐黏合的莫来石基耐火可塑料在燃烧区域内经久耐用，主要由于其体积稳定（抗热膨胀及收缩）及其良好的抗磨特性。

526. 为什么磷酸盐黏合剂常常用来修补有缺陷的区域？使用时应注意什么问题？

答：由于磷酸盐黏合剂与现成的材料结合力很好，因此常常用来修补有缺陷的区域。在使用时应确保修补的区域有支撑，至少应使用两个销钉。

527. 碳化硅（SiC）瓦的后面使用什么材料改进管子的传热？

答：在碳化硅（SiC）瓦的后面使用金刚砂灰浆来改进对管子的传热，瓦一般用焊接的支撑件支撑在管子上。

528. 在水冷壁管子向下延伸到燃烧室底部这一段的设计中，衬里通常是什么材料？

答：在水冷壁管子向下延伸到燃烧室底部这一段的设计中，衬里通常都包括有一层薄的、密实的、热导率高的、耐磨的可塑料或浇注料。

529. 为什么通常在焊有销钉的管子上都使用碳化硅基浇注料？

答：由于碳化硅基浇注料可以用磷酸盐黏合可塑料进行修补，尤其可取的是含碳化硅的填料热导率高，通常在焊有销钉的管子上都使用碳化硅基浇注料。

530. 当床料或循环灰含碱比较高时，宜使用什么黏合料？

答：如果床料或循环灰含碱比较高时，宜使用磷酸盐黏合料，因为铝酸钙水泥在高温下和碱作用后会发生毁坏。

531. 旋风分离器入口及筒体磨损的原因是什么？

答：炉膛顶部及分离器入口段，旋风筒弧面与烟道平面相交部位是磨损主要部位。在此部位烟气发生旋转，物料方向改变，速度高且粒度粗、密度大，磨损就很快。同时，此部位耐火材料较厚，一般情况下又不均匀，温度梯度也不均匀，加之经受 900℃ 左右的高温，偶尔也会达到 1100℃ 以上，因此过度的热冲击会引起衬里材料的裂缝，造成耐磨材料的破坏。另外，分离器筒体和锥体都承受着相当恶劣的工作条件，其中可能会承受几分钟之内 500～600℃ 的温度冲击、循环变化及磨损等。对许多衬里来说，反复的热冲击、温度循环变化、磨损和挤压剥落等共同导致了大面积损坏。当裂纹或磨损发生时，表面更粗糙或有凸起，磨损速度将进一步加快。

对于旋风分离器下部锥体，由于面积缩小，物料汇集密度增大且粒度最大，加上物料下落速度快，必然造成快速磨损。

532. 旋风分离器入口及筒体常用的耐火材料有哪些？

答：常用的耐火材料有：

从耐火材料结构上来看，旋风筒的浇注为分层分块浇注，各层均用销钉固定于金属结构上。每块之间留有膨胀间隙，分层错开。一般情况下，对于炉膛顶部及分离器入口这两个部位均使用密实且含有不锈钢纤维丝的抗磨材料，这种材料具有令人满意的使用寿命。若由于热冲击、温度波动等原因造成过多的裂缝或损坏时，可以采用熔氧化硅基浇注料取而代之。

对于旋风分离器筒体和锥体，一般采用超强浇注料。当发生裂缝磨损时，修补方案之一是用耐磨石砖覆盖的耐火砖或耐火预制块来代替浇注的厚衬里。也可以用磷酸盐黏结可塑料进行修补。

另一种可能性是使用热膨胀系数低的薄衬里，诸如熔氧化硅浇注料一类的材料用衬里。但是，与磷酸盐黏结莫来石可塑料相比，大多数熔氧化硅抗磨性能差，因而使用寿命较短。

533. 旋风分离器的易磨损区域有哪些？

答： 旋风分离器的磨损主要发生在进口烟道和筒体上部图中所示的区域，如图4-9所示。

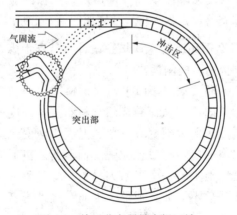

图4-9　旋风分离器易磨损区域

534. 分离器锥体宜采用什么浇筑料？

答： 分离器锥体所经历的工作条件与其筒体大致相同，宜使用振动浇注使衬里具有足够的强度和耐磨性能，锥体部分推荐使用热膨胀系数低的浇注料。

535. 立管及返料器为什么会经常损坏？

答： 在许多循环流化床锅炉中，立管和返料器部分经常出问题，是因为热冲击、严重的磨损及循环变化导致了反复的损坏。

536. 含有不锈钢纤维丝的磷酸盐黏结可塑料主要用途是什么？

答：含有不锈钢纤维丝的磷酸盐黏结可塑料主要用在现有锅炉衬里的修补上。

537. 回料腿膨胀节和旋风分离器进口膨胀节磨损对循环流化床锅炉的运行有什么危害？

答：回料腿膨胀节和旋风分离器进口膨胀节，为了补偿膨胀差异而设置，当膨胀超过设计间隙或间隙内进入高温物料时，造成膨胀节耐火材料摩擦或受力挤压而损坏，这样大量的高温物料进入膨胀节内，加剧了磨损，甚至直接烧坏金属物件，造成锅炉不能运行。

538. 耐火材料被破坏的第一个原因是什么？

答：由于温度循环波动和热冲击以及机械的应力造成耐火材料产生裂缝和剥落，是耐火材料被破坏的第一个原因。

539. 为什么循环流化床锅炉在设计时若不考虑适当的膨胀空间就会造成耐火材料的剥落？

答：温度循环波动时，由于耐火材料骨料和黏合料间热膨胀系数不同而形成内应力从而破坏耐火材料层，温度循环波动常常造成耐火材料内衬的大裂缝和剥落。温度快速变化造成的热冲击可使耐火材料内的应力超过抗拉强度而剥落。机械应力所造成的耐火材料的破坏则主要是由于耐火材料与穿过耐火材料内衬处金属件间热膨胀系数不同而造成的，因而在设计时若不考虑适当的膨胀空间就会造成耐火材料的剥落。

540. 耐火材料被破坏的第二个原因是什么？

答：由于物料对耐火材料的冲刷而造成的耐火材料的磨损是耐火材料被破坏的第二个原因。

541. 循环流化床锅炉炉内耐火材料易磨区域包括哪些？

答：循环流化床锅炉炉内耐火材料易磨损区域包括边角区、旋风分离器和固体物料回送管路等。

542. 耐火材料的磨损有什么规律？

答：一般情况下，耐火材料磨损随冲击角的增大而增加。

543. 耐火材料被破坏的第三个原因是什么？

答：在运行中，由于耐火材料的性质发生变化而造成耐火材料的损坏是耐火材料被破坏的第三个原因。

544. 什么原因造成的耐火材料变质破坏属于耐火材料性质变化而引起的破坏？

答：如因碱金属的渗透而造成耐火材料渐衰失效和渗碳而造成的耐火材料的变质破坏等均属于耐火材料性质变化而引起的破坏。

545. 对循环流化床锅炉内衬材料的性能要求要考虑哪些方面？

答：对循环流化床锅炉内衬材料的性能要求要考虑：①锅炉系统特点和整体性能；②内衬敷设点的工作环境；③内衬敷设和锅炉性能相关的影响分析；④敷设内衬的目的和功能。

546. 绝热性能好的材料，其抗磨性能一般如何？

答：绝热性能好的材料，一般来说其抗磨性能相对较差。

547. 循环流化床锅炉常见炉型典型内衬材料有哪些要求？

答：循环流化床锅炉常见炉型典型内衬材料要求如下：①内循环涡流型湍流床内衬，要求高耐磨、高温和抗冲刷；②高温外循环分离器入口段内衬，要求高耐磨、高耐温性；③中温外循环分离器入口，要求高耐磨、高耐温性；④中、高温外循环分离器筒体，要求耐热、保温、热惰性小；⑤点火燃烧室烟道，要求耐热；⑥悬浮室要求耐热、耐磨、热惰性小。对燃用城市废弃物、化工废料等含腐蚀成分的循环流化床锅炉，要根据具体情况考虑防腐和内衬材料的稳定性等问题。

548. 在湍流床部位，内衬材料要求具有什么特点？

答：在湍流床部位，内衬的工作条件恶劣，要求内衬材料应有高耐磨性、耐温性好、抗折耐压性好以及导热系数低、容重小的特点。

549. 在湍流床部位，内衬材料主要着眼于满足耐磨和耐温这两个条件，再考虑能否满足适应温度频繁变化的抗热震稳定性，导热系数可定在 15～20W/(m·K) 范围内。满足这样条件的材料有哪两种？

答：一种是 SiC，另一种是黑体硅酸锆。两种材料性质基本相同。两种材料的缺点是容重都大（>2500kg/m³），价格较贵。由于湍流床区域内衬只占炉室内衬敷设总面积的 1/4 左右，使用这种材料寿命长，稳定性好，可减少因炉衬事故而导致的停炉检修次数，节省运行费用，因此综合效果还是较好。

550. 循环流化床锅炉分离器入口处、分离器筒体部分内衬材料选择有什么要求？

答：外循环循环流化床锅炉分离器入口处是易磨损区，材料应选耐磨的，分离器筒体部分内衬要耐高温。因为对高温型分离器，有一部分未燃粒子有时会在这里继续燃烧。循环流化床分离灰主要部分要参与再循环以控制床温和提高燃烧效率。灰入炉温度要求不大于烟气炉膛出口温度与分离器灰出口温度差±5℃范围，这也就要求该区域内衬结构既要耐热又要保温。要求耐热材料的导热系数 <2W/(m·K)，这种材料可选择高铝制品或其他相近材料。

551. 内衬材料的选择应从哪几个方面考虑？

答：材料的选择要从材料的物化性质（包括耐磨性、耐热性、耐蚀性、导热性、稳定性、热胀性、收缩性、抗压抗折性和容重）着手，兼顾经济性。

552. 为什么耐火材料一般都采用几种不同材料进行分层敷设？

答：结合内衬部位的特点、承载内衬的部件结构、耐温抗磨要求进行综合比较，做到技术先进、结构可靠和经济合理。因此，耐火材料一般都采用几种不同材料进行分层敷设。

553. 内衬材料有哪两种类型？在循环流化床锅炉中大面积的耐磨墙体哪种材料应用较多？

答：内衬材料有定型制品与不定型制品，定型制品以预制品和砖为主，而砖在循环流化床锅炉中大面积的耐磨墙体中应用较多，如分离筒、回料器、尾部烟道等。

554. 常用衬里材料有哪些？

答：常用的衬里材料有硅线石砖、锆铬刚玉砖、氮化硅砖、碳化硅砖等。

555. 砖形结构设计时应注意什么问题？

答：砖形结构设计时注意紧固件和膨胀缝的设置，一般在水平方向每 4 块标准砖节距设一紧固件，在垂直方向每层设置的紧固件应与上层错列布置，每一层砖中每间隔 4～6 块标准砖设一层1.5mm 的陶纤纸，垂直方向每 4 块砖设一层 1.5mm 的陶纤纸。

556. 不定型衬里材料制品有哪些？

答：不定型制品有喷涂料、耐磨耐火可塑料、耐磨耐火捣打料、耐磨耐火浇注料等。

557. 何谓喷涂料？

答：喷涂料：有以高铝质等耐火骨料为基体掺和超细粉、铝酸盐结合剂等多种混合物组成的稠状体，使用时需专门制备风动机具或机械喷射设备，特别适应于循环流化床锅炉的复杂结构处的施工。

558. 何谓耐磨耐火可塑料？交货状态是什么状态？

答：耐磨耐火可塑料：是由耐火骨料、结合剂和液体组成的混合料。交货状态为具有可塑性的软坯状或不规则形状的料团，可以直接使用，主要结合剂为陶瓷、化学（无机、有机）结合剂。以捣打（手工或机械）、振动、压制或挤压方法施工，在高于常温的加热作用下硬化。

559. 为什么耐磨耐火可塑料较适用于用量较大的批量施工？

答：而耐磨耐火可塑料，不宜久存，特别是开封后极易硬化，故较适用于用量较大的批量施工。如悬吊在炉膛的受热管束，使用现存的可塑性软坯在管节距之间捣打挤压，既密实又施工方便。

560. 为什么耐磨耐火捣打料最适合用于用量不大的修补？

答：耐磨耐火捣打料：组成基本与耐磨耐火可塑料相同，所不同的是耐磨耐火捣打料一般来说均在现场调配，用多少配多少，最适合用于用量不大的修补。

561. 何谓耐磨耐火浇注料？交换状态是什么状态？

答：耐磨耐火浇注料：是由耐火骨料和结合剂组成的混合料。交货状态为干态，加水或其他液体调配使用。

562. 在循环流化床锅炉中，为什么一些不宜承受强烈热冲击的设备以及难以烘烤的部位使用耐磨耐火浇注料？

答：耐磨耐火浇注料主要结合剂为水硬化性结合剂，也可以采用陶瓷和化学结合剂，以浇注、振动的方法施工，无须加热即可凝固硬化。因此，在循环流化床锅炉中，一些不宜承受强烈热冲击的设备以及难以烘烤的部位如炉膛出口、汽冷式分离器、回料腿、尾部烟道等，利用专用的振动棒振实耐磨耐火浇注料，自然养护即可。

563. 循环流化床锅炉中主要采用哪三种衬里设计？

答：在循环流化床锅炉中主要采用三种不同的衬里设计：水冷壁衬里，薄的或厚的非水冷壁衬里。

564. 水冷壁衬里主要敷设在什么区域？如果固定？其外侧常用何种材料？

答：水冷壁衬里主要敷设在炉膛和高温旋风分离器区域，用短销钉将 25～50mm 厚的致密耐火材料支撑在烟气侧的锅炉管件上。外侧（即非向火侧）则用常规保温材料来保持水/蒸汽的高温。

565. 为什么常在水冷壁衬里内添加金属纤维？

答：为增加水冷壁衬里的刚性和抗冲击能力，常在水冷壁衬里内添加金属纤维。

566. 一般薄衬里的厚度是多少？如何分层？

答：一般来说，薄衬里的厚度为 150mm，通常分为两层，即致密的工作层和保温层。使用分层衬里比使用厚衬里更为经济，更易于维修。

567. 为什么使用薄衬里较厚衬里降低锅炉效率?

答: 对于较高温度的外壳体会因使用薄衬里散热多而降低锅炉效率。

568. 厚衬里的厚度是多少? 如何分层?

答: 厚衬里通常由两层或三层构成,总厚度为 $300\sim400mm$。最里面是一层致密的耐热工作表面,由耐磨砖或耐磨塑料砌筑而成或由浇注料浇注而成,防止受热面受到高温高速运动物料颗粒的磨损。打底的保温材料可减少热损失,降低壳体温度,从而提高整台机组的效率。

569. 目前国内循环流化床锅炉常用耐火材料分为哪几类?

答: 目前国内循环流化床锅炉用耐火材料一般按作用可分为三类:①耐磨耐火材料砖、浇注料、可塑料和灰浆;②耐火材料砖、浇注料和灰浆;③耐火保温材料砖、浇注料和灰浆。通常采用的耐磨耐火材料的品种有:磷酸盐砖和浇注料,硅线石砖和浇注料,碳化硅砖和浇注料,刚玉砖和浇注料,耐磨耐火砖和浇注料,最高档次的还有氮化硅结合碳化硅产品等品种。

570. 磷酸盐砖有什么特性?

答: 磷酸盐砖是经低温($500℃$)热处理的不烧砖,通常在 $1200\sim1600℃$ 范围内使用,由于循环流化床锅炉是在 $850\sim900℃$ 范围内运行,在这种温度下,该耐火材料物理性能不稳定,耐磨性能得不到充分发挥。

571. 硅线石有什么特性?

答: 硅线石是一种优质耐火原料,通常加入耐火材料中能使荷重软化温度提高 $100\sim150℃$,耐火材料起变化的温度是 $1450\sim1600℃$,硅线石砖成型烧结温度达到这一温度,因此硅线石砖在循环流化床锅炉上使用是一种理想的耐磨耐火材料。但是硅线石浇注料因循环流化床燃烧达不到这个温度范围,硅线石的耐磨性就不能充分发挥出来。另外,硅线石材料价格较高,增加了使用者的成本，这些影响了硅线石浇注料在循环流化床锅炉上的推广应用。

572. 碳化硅有什么特性？

答：碳化硅制品在高温无氧化气氛下使用具有较好的耐磨性和很好的热震稳定性，在一定的温度下烧结其表面能形成一层釉面保护层，主要原因是循环流化床燃烧中带有少量氧化气氛。但价格较高。

573. 刚玉制品有什么特性？

答：刚玉制品在循环流化床锅炉上的使用品种有白刚玉、高铝刚玉和棕刚玉。刚玉的主要性能是耐火度高、体积密度高、耐磨性能好，但它的热振稳定性差，这给循环流化床锅炉使用带来的困难。刚玉质浇注料在使用过程中经常出现塌落现象，原因就在于锅炉运行中压火、提火现象较多，较短时间内温度变化频繁，造成耐火材料使用寿命缩短。另一个因素是锅炉使用温度低，耐火材料达不到烧结温度，耐磨性得不到充分发挥。

574. 介绍循环流化床锅炉的耐火材料的化学成分。

答：耐磨耐火砖有成分为 33.06% SiL_2、1.23% Fe_2L_3、$63.72\%Al_2L_3$；耐磨浇注料的成分为 $11.02\%SiL_2$、$1.18\%Fe_2L_3$、$81.85\%Al_2L_3$；耐磨可塑料的成分为 $11.44\%SiL_2$、$0.88\%Fe_2L_3$、$80.34\%Al_2L_3$。

575. 影响循环流化床锅炉受热面磨损的因素有哪些？

答：影响循环流化床锅炉受热面磨损的因素较多，主要有物料循环形式、运行的参数、燃料性质、床料特性、受热面的特性等。

576. 简述物料总体循环形式的影响。

答：在循环流化床锅炉中，受热面的磨损与流经其表面的固体物料运行形式密切相关，因此要了解炉内受热面的磨损情况，不仅要分析流经受热面的固体物料的局部运动形式，而且还要分析循环流化床锅炉内物料总体循环形式。炉内物料总体循环形式由锅炉系统的几何形状和各种射流方式所决定,这些射流主要包括布风板送入的一次风、炉膛中部送入的二次风和三次风、燃料给入方式、石灰石给入方式以及循环物料流等。

从目前已投运的循环流化床锅炉来看,锅炉系统的几何形状以及配风方式和燃料、石灰石给入方式基本上是相似的,对循环流化床锅炉受热面的磨损影响最大的因素是物料的循环方式。图 4-10 分别给出了两种目前常见的循环流化床锅炉炉内的总体气固流动形式。图 4-10(a)表示单侧回料系统循环方式、(b)表示双侧给料系统循环方式。从图 4-10 中可以看出,两种不同回料方式下循环流化床锅炉内的总体气固流动形式是完全不同的,由此我们也可推得其受热面的磨损情况也有很大差别。图 4-11 给出了单侧回料循环流化床循环物料的总体流动形式,在循环物料的转弯处,大颗粒物料产生偏析,因而使图中剖面线部分的磨损较为严重,因此在设计循环流化床锅炉时,这些区域应加强防磨处理。

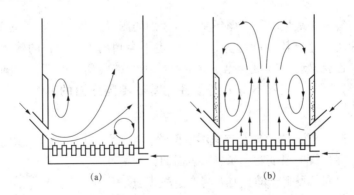

图 4-10 循环流化床锅炉炉内的总体气固流动形式

(a)单侧回料;(b)双侧回料

577. 循环流化床锅炉运行床温对烟气的温度和受热面的温度有何影响?

答: 循环流化床锅炉运行床温直接影响着烟气的温度和受热面的温度,当运行中床温升高时,烟气温度和受热面温度随之升

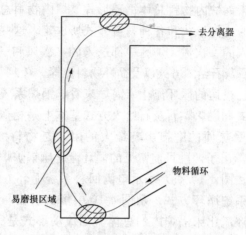

图 4-11　单侧回料循环系统物料总体
流动形式及易磨损区域

高，反之亦然。

578. 为什么飞灰本身的磨损性能基本不随床温的升高而发生变化？

答：一般情况下，循环流化床锅炉的床温在 800～950℃之间，即使床温超出其运行温度上限，但也不会超出飞灰颗粒的软化温度。也就是说，床温变化不会影响到飞灰的硬度，也不会影响其外形。因此，飞灰本身的磨损性能基本不随床温的升高而发生变化。

579. 管壁温度对金属材料表面的影响主要表现在哪些方面？

答：管壁温度对金属材料表面的影响主要表现为：

（1）管壁低于露点时，将产生酸腐蚀。

（2）在室温条件并有氧气存在时，表面出现氧化膜，主要由 $\gamma-Fe_2O_3$ 组成，或由 $\gamma-Fe_2O_3$ 及 $20\%Fe_3O_4+80\%Fe_2O_3$ 的混合物组成。

（3）在 80～120℃壁温范围内，氧化膜基本上由 $\gamma-Fe_2O_3$ 组成。

（4）在 130～250℃壁温范围内，氧化膜由 $\alpha-Fe_2O_3$ 组成。

（5）在 $250\sim300℃$ 壁温范围内，氧化膜的 $\alpha-Fe_2O_3$ 出现磁性。

（6）在 $300\sim350℃$ 壁温范围内，氧化膜分别由两层 $\alpha-Fe_2O_3$ 及 Fe_3O_4 所组成，在两层之间有一层很薄的 $\gamma-Fe_2O_3$ 相隔开。

（7）当壁温大于 $350℃$ 以后，这些氧化层的相互厚度产生变化。

580. **金属壁面的耐磨性与壁面形成氧化膜的厚度及其硬度有何关系？**

答： 通常当金属壁面形成三层氧化膜时，和空气接触的最外层为 Fe_2O_3，该层很薄；中间层为 Fe_3O_4；而最里层为 FeO。三种氧化膜的硬度相差很大，其中 Fe_2O_3 硬度最高，为 11450MPa；Fe_3O_4 次之，为 6450MPa，硬度最低的是 FeO，为 5500MPa。而管材的硬度大约为 1400MPa。

如图 4-12 所示，一般情况下，循环流化床锅炉受热面的壁温与磨损在管壁温度接近 $400℃$ 一个很窄的范围内发生突变。当壁温低于此温度时，氧化膜还没有形成，磨损速率较大，但基本不随温度而发生变化。达到此温度时，受热面的磨损急剧降低，这主要是因为在此管壁温度下，管壁表面形成一层氧化膜，硬度急剧增加使磨损量降低。当壁温继续增加，由于热应力的产生，同时氧化膜和金属的热膨胀系数不同以及高温腐蚀的影响等，磨损量又会有所增加。

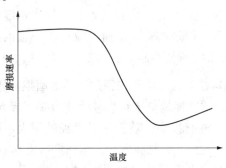

图 4-12　受热面温度对磨损的影响

581. 简述气流湍流强度对受热面磨损的影响。

答：到现在为止，湍流强度对颗粒冲蚀磨损影响的试验较少。Humphrey 等人曾运用数值模拟方法初步研究了湍流强度对含灰气流冲蚀磨损。计算结果表明，随着湍流强度的增加，颗粒对壁面的碰撞频率因子下降；同时，壁面的磨损量也随着湍流强度的增加而减少。产生这种现象的原因可解释为：随着湍流强度的增大，颗粒的湍流扩散作用加强，致使一部分本来应和壁面碰撞的颗粒受湍流脉动的影响而远离壁面，所以碰撞频率因子下降，冲蚀磨损量也随之而减少。

应该指出，由于目前尚缺少湍流强度影响冲蚀磨损的进一步深入的实验研究数据，因此还未能工程实际计算中考虑这种影响。

582. 冲蚀量和烟气速度之间存在什么关系？

答：试验结果表明，冲蚀量和烟气速度 u_g 之间存在下述关系，即冲蚀量正比于 u_g 的 n 次方，其 n 值的大小与灰粒的性质、深度和粒度等因素有关。

583. 磨损量与烟气速度成 n ($n>3$) 次方关系的原因是什么？

答：磨损量与烟气速度成 n ($n>3$) 次方关系的原因可解释为：冲蚀磨损之所以能产生，关键在于灰粒具有动能，颗粒动能与其速度的平方成正比，不但如此，磨损还与灰浓度（灰浓度又与速度的一次方成正比）、灰粒的撞击频率因子和灰粒对被磨损物体的相对速度有关。若近似认为烟气速度和颗粒速度相等时，则磨损量就将和烟气速度的 3 次方成正比，烟气速度的提高，会促使上述有关因素的作用加强，从而导致冲蚀磨损的迅速增加，所以烟气流速越大时，n 值也越大。

584. 床料料径对循环流化床锅炉受热面磨损有什么影响？

答：受热面的磨损量与床料直径大小有关，床料直径很小时，受热面所受的冲蚀磨损小。随着床料直径的增大，磨损量随之增加，当床料直径大到某一临界值后（该临界值为 0.1mm），受热面磨损量几乎不变或者变化十分缓慢。对于这种现象的解释众说纷纭，一般认为，在相同的颗粒浓度下，颗粒直径越大，单位体积内颗粒数就越少，虽然大颗粒冲刷管壁的磨损能力较大，但由于冲刷到壁面的总的颗粒数下降，故材料的磨损量仍变化不大。

585. 简述床料颗粒形状对循环流化床锅炉受热面磨损的影响。

答： 一般认为，带有棱角的颗粒比近似球形的颗粒更具有磨损性，一些冷态试验的结果也证明了这一点。但是用砂做床料的鼓泡流化床锅炉的运行经验表明，尽管随时间的增加床料的球形度增加，但受热面的磨损速率并不随时间的增加而减少。不过在目前缺乏大量准确的试验结果的情况下，较为保险的方法仍是认为随着颗粒圆度的增加磨损量在减少。

586. 简述床料硬度对循环流化床锅炉受热面磨损的影响。

答： 床料硬度对磨损的影响到目前为止也很难确定。颗粒硬度对磨损的影响的一般趋势如图 4-13 所示，当颗粒硬度接近或高于被磨材料的硬度时，磨损率迅速增加；此后，颗粒硬度再继续增加则对磨损影响不显著。对于流化床锅炉，必须引起注意的是床料在炉内停留一段时间后其表面会生成一膜层，其硬度要大大高于新鲜床料的硬度，因此在循环流化床锅炉中，受热面的磨损将主要取决于床料表面膜层的硬度。

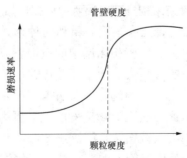

图 4-13　颗粒硬度对磨损的影响

587. 简述颗粒成分对循环流化床锅炉受热面磨损的影响。

答： 循环流化床锅炉床料的主要成分为 Ca，Si，Al，S 等。试验研究表明，含 Si 和 Al 成分较高的床料比含 Ca 和 S 成分较高的床料对受热面的磨损性更强一些。其原因是各种不同成分的床料其强度是不同的。含 Ca 和 S 成分高的床料，强度较低，撞击后易破碎，从而对受热面的磨损较轻。此外，Ca 和 S 含量高的床料可使受热面表面产生较厚的保护层从而降低磨损。

588. 简述材料硬度对循环流化床锅炉受热面磨损的影响。

答：被磨材料的磨损不仅与颗粒的硬度 H_p 有关，而且更主要的是与被磨材料的硬度 H_d 和颗粒的硬度 H_p 之间的比值有关，当 H_d/H_p 比值超过一定值后，磨损量便会迅速地降低，即当 H_d/H_p 小于等于 $0.5 \sim 0.8$ 时为软磨料磨损。如属这种情况，增加材料的硬度 Hd 便会迅速地提高耐磨性。

589. 简述热物理性能对循环流化床锅炉受热面磨损的影响。

答：实验结果表明材料的热物理性能与它们抗冲蚀性能之间存在的内在联系。试验表明，材料抗冲蚀能力与熔点有关。因高速粒子冲击到金属表面后会使局部表面强烈受热，所以除了应考虑材料熔点外，还应注意其他热物理性能（如热容量、热导率等），如果从能量观点出发，把冲蚀单位体积金属所消耗的入射粒子动能视为比冲蚀能量 E_c（J/mm^3），它与比熔化能量 E_m（J/mm^3）间呈线性关系。

590. 受热面管束结构排列有哪两种形式？如何影响磨损过程？

答：管束结构的排列有顺列和错列两种形式，它从两个相关的方面影响磨损过程。以密相床层中的横埋管束为例。第一，管束的置入将整个床层分割成若干小区域，乳化相必须穿过管束的空隙流动，形成乳化相的沟流。有人认为，管束的局部磨损速率与沟流速度的关系比与表观流化速度的关系更为密切。因此，按顺列布置的管束，流动截面宽，沟流速度低，磨损程度应低于错列的管束。第二，是由于管束的存在抑止了气泡的生长过程，一般认为顺列管束对气泡生长的影响相对要小，而错列管束更易于使大气泡破碎，但是当横向节距很小时，错列管束会限制固体颗粒的流动。采用小节距的错列管束时，床层上下的温度梯度很大，这表明穿过管束的乳化相循环运行受到阻碍，管束磨损较轻，后来增大了管束的节距，上下温差得到减小，但磨损量增加了。

591. 结构参数是横向节距 s_1 增大时，为何导致管束底部一、二排管的磨损显著减轻？

答： 试验表明，横向节距 s_1 增大有利于气泡绕过管子底部，相对降低了气泡与埋管碰撞的概率，导致管束底部一、二排管的磨损显著减轻。

592. 如果解决顶排管的磨损率可能会变大的问题？

答： 对循环流化床锅炉炉内浓相区处于鼓泡流态化状态下各排管来说，则因前排管对气固两相流动的阻碍和扰动，造成流形的紊乱和气泡的生长受到抑制，从而使得 s_1 的影响逐渐减弱，而顶排管的磨损速率可能会变大，这给管束的维修带来不便。可通过适当地提高管束距风帽的安装高度，或减小底排管的横向节距 s_1 来避免这种情况的出现。

593. 当管束的安装高度不变时，纵向节距 s_2 对各管排的磨损有何影响？

答： 当管束的安装高度不变时，纵向节距 s_2 对底排管的磨损几乎没有影响；只有 s_2 的增加幅度较大时，上面各排管的磨损才有明显地加剧。原因是气泡在管束中的纵向自由行程随 s_2 的增加而变大，促使气泡继续长大和加速，从而加剧了磨损。

594. 管束布置对循环流化床锅炉受热面有什么影响？

答： 在管束布置对磨损的影响中，底排管距风帽小孔的距离 L 和管子的安装倾角 θ 是两个关键的参数。从文献资料来看，几乎所有的试验都表明，随着距离 L 的增加，磨损显著地加快。

对管束而言，距离 L 的变化对底排管磨损的影响最大，尤其是对离开炉墙较远的底排管磨损的影响更为突出。显然，L 的增大意味着管束底部无埋管区的气泡自由上升行程变大，这使气泡到达底排管时能够得到充分地长大和加速，且气泡在上升过程中伴随着趋于床层中心的横向运行，故而出现上述磨损的变化情况。同样，L 的增大也会使上面各排管的磨损有所增加，但因管束对气泡生长的抑制作用，其影响逐排减弱。另外，在距离 L 较低和横向节距 s_1 不太小的情况下，由于尚未充分发展的小气泡容易绕流过底排管而继续上升、长大和加速，往往导致第二排或第三排（当 s_1 较小时）管件的磨损最为严重。

　　大量的试验数据和运行经验表明，埋管的安装倾角也是一个影响磨损的重要参数。根据对气泡运动路径的观察发现，上升的气泡容易附着在倾斜或垂直的管件表面，并沿表面迅速地向上滑移，形成气泡在床层中的短路效应，结果往往造成管道的弯头和与垂直管件毗邻的横埋管磨损严重。试验表明，当倾角在 30°～60°范围内，管件的安装倾角越大，短路效应越明显，气泡沿管件造成的磨损也就越明显；试验还发现，在有低频（2～3Hz）扰动的管束的垂直支撑件的表面，吸附气泡的滑移速度加快，频率升高。为了阻止气泡在倾斜或垂直管件表面的快速滑动，可沿管面横向加焊环形鳍片，同时增加支撑件的刚度，消除低频振动。实践证明，这样可以有效地降低磨损。

595. 何谓材料防磨？

　　答：材料防磨主要指选择合适于流化床锅炉使用的防磨金属和非金属材料、喷涂料，或采用金属表面渗氮处理的材料进行防磨。

596. 循环流化床锅炉选材的原则有哪些？

　　答：循环流化床锅炉选材应遵循以下的原则：

　　（1）低碳钢和合金钢用于氧化性气氛下的传热耐压件和其他结构件。

　　（2）耐火材料用于腐蚀性或还原性气氛的区域，包括燃烧室底部、旋风分离器和某些部件，例如循环回路的料封和流化床换热器的壳体。

　　（3）锅炉大型部件（例如旋风分离器和燃烧室）之间采用调节胀差的膨胀节连接。

597. 在循环流化床锅炉中碳钢和较贵的合金钢一般用于哪些部件？

　　答：从大多数循环流化床锅炉受热面管材应用的情况看，膜式水冷壁、省煤器受热面和低温过热器都选用低碳钢，而金属壁温较高的过热器和再热器有选择性地选用价格较贵的合金钢。

598. 循环流化床锅炉的耐火材料防磨作用主要表现在哪些方面？

答： 耐火材料在循环流化床锅炉中的应用很普遍，其防磨作用主要表现为：

（1）耐火材料在还原性气氛中比钢耐腐蚀，因而在燃烧室底部的还原区通常衬以耐火材料制品。

（2）埋有焊接件的耐火材料比较容易制成特殊形状如旋风分离器和循环回路的料封等，而环型膜式壁却较难制造。

（3）安装的耐火材料是很厚的浇注件或砖，是防止磨损、成本低廉的阻隔层。

599. 金属表面喷涂能防止磨损和腐蚀的原因是什么？

答： 金属表面喷涂能防止磨损和腐蚀有两个方面的原因：①涂层的硬度可能较基体的硬度大；②涂层在高温下会生成致密、坚硬和化学稳定性更好的氧化层，且氧化层与其基体的结合更牢。

600. 简述金属表面喷涂外的其他表面防磨处理技术防磨。

答： 除金属表面热喷涂技术外，还可采用其他表面处理技术来达到受热面的防磨效果。如英国煤炭公司的煤炭研究所（CRE）曾对流化床埋管表面进行渗氮处理，经过 1500h 的运行试验发现，受热面没有产生磨损，CRE 正在对渗氮处理金属表面的防磨特性进行更长运行时间的测试。

601. 鳍片有哪些防磨作用？

答： 鳍片有两个方面的防磨作用：一是阻碍气泡与埋管表面的直接接触，减轻了气泡尾涡粒子对表面的冲击；二是隔断了颗粒沿表面的滑动，导致埋管表面的颗粒流化强度相对减弱，部分地消除了表面的周期性气隙现象及由此产生的锤击效应。

602. 为什么对鳍片材料的耐热性能有一定的要求？

答： 尽管鳍片能减轻埋管的磨损，但热态试验发现，某些碳钢鳍片自身的磨损很严重，运行一段时间后便失去了防磨作用。由于鳍片的冷却效果不及管壁，容易出现高温氧化脱皮的现象，故对鳍片材料的耐热性能有一定的要求。

603. 为何采用在水冷壁管上加焊挡板？

答：冷态试验表明壁面处向下流动的高浓度的固体物料流过管壁磨损有重要影响。因而可以在水冷壁管上加焊挡板来破坏向下流动的固体物料流，从而达到水冷壁管防磨的目的。运行经验表明，采用这种措施后水冷壁管的磨损大大减轻。

604. 改变水冷壁管的几何形状为何能防磨？

答：改变水冷壁管的几何形状，耐火材料结合简易弯管使耐火材料与上部水冷壁管保持平直，如图 4-14 所示。这样固体物料沿壁面平直下流，消除了局部产生易磨区。国外的一些主要循环流化床制造公司几乎在同时各自独立提出了这种设计。

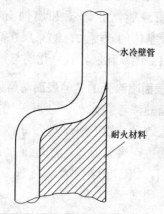

水冷壁管

耐火材料

图 4-14　改变水冷壁的几何形状

605. 炉内受热面采用何种防磨管结构可以较大的降低磨损？

答：图 4-15 为奥斯龙公司开发的 Ω 管屏的截面图，Ω 管屏由外壁为平面的管子以纵向连续焊接而成，这样管屏的平表面使问题得到很好的解决。除 Ω 管外，炉内受热面还可采用的防磨管有平底管、方形管等。

采用上述防磨结构处理以后，炉内受热面管壁的磨损大大下降，但循环流化床锅炉的运行经验还表明，在炉内受热面设计时要尽量避免屏的进出汽（或水）管位于或接近炉膛至分离器的出口截面上，否则进出汽（或水）管的磨损会很严重。

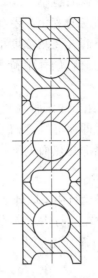

图 4-15 过热器的 Ω 管屏截面示意图

606. 简述对流受热面的防磨措施。

答：（1）在烟道转弯处加装导向挡板，降低烟气流动速度场和飞灰浓度场的不均匀性，以防止局部严重磨损。

（2）在受热面的管束布置结构上，尽量采用顺列布置而不是错列布置。

（3）尽可能地采用上行烟气流动结构。

（4）采用膜式壁省煤器或鳍片式受热面结构。

（5）管束前加假管。

（6）局部易磨损处采用厚管壁。

607. 循环流化床锅炉运行中磨损的原因有哪些？

答：循环流化床锅炉运行中磨损原因有以下两点：

（1）当运行中颗粒组分中粗颗粒较多时，燃煤粒径分布达不到循环床锅炉的要求，粒子循环量小，粗颗粒将沉浮于燃烧室下部燃烧，造成密相床燃烧份额过大，炉床将超温结焦。运行中为避免结焦，减少给煤，会造成锅炉达不到设计蒸发量。为防止粗颗粒煤沉低而引发事故，通常采用大风量运行；不仅在额定负荷下风门全开，而且在低负荷时也不关小风门。这种大风量运行方式，不仅引起烟气量、烟温的变化，还会因大风量而造成扬析量增大、密相床燃烧份额下降、飞灰浓度增加等变化。同时，通过对流受热面的烟气流速上升，烟气中粒子尺寸增大，急剧加速了受热面的磨损。

（2）运行时如果颗粒组分中细颗粒比较多，则床层不易建立，密相床的温度难以维持，即使能维持密相床的燃烧温度，较细的颗粒也将被扬析，加大尾部受热面的磨损，同时也难以保证锅炉烟气出口的粉尘排放要求。

608. 循环流化床锅炉运行中采取什么措施可以防磨？

答：循环流化床锅炉在运行中应注意控制风量，降低烟气的流速，控制床料及煤粒的筛分比，减少灰粒子浓度和粒子直径，以减少磨损。

609. 循环流化床锅炉（简称 CFB 锅炉）主要磨损部位在哪些地方？

答：循环流化床锅炉（简称 CFB 锅炉）主要磨损部位：

一般在浇注料与水冷壁管排的过渡区、喷涂层边缘、炉膛四角或（6角）打有浇注料部位、喷涂层处、水冷壁管更换后鳍片不平滑处、各孔门、测点、水冷壁的让管处、二次风口、落煤口、进渣口、回料口、回风口、密封盒、中间水冷壁通道、销钉等都会经常发生有规律的磨损、泄漏问题。早期 CFB 锅炉制造设计上在该处无防磨措施或防磨措施不力，因此在这些区域就出现了诸多的磨损问题。几年来的大型 CFB 锅炉实际运行也证实了这些区域磨损严重，水冷壁泄漏频繁。

610. 防止循环流化床锅炉磨损的措施主要有哪些？

答：防止磨损的措施：

（1）运行调节方面：CFB 锅炉运行中的调节对防止水冷壁的磨损至关重要，在运行调节中应从以下几方面着手：

1）严格控制入炉煤粒度，是保证一次风量的重要条件，循环流化床锅炉受热面磨损速率与颗粒速度的三次方和颗粒粒径的平方呈正比，因此降低一次风量和风速是减轻水冷壁磨损的主要条件之一。

2）控制入炉煤的质量，应达到或接近设计煤种，才能保证CFB锅炉在设计条件下运行。

3）一、二次风的配比和物料浓度对受热面的磨损有直接的影响，在保证炉内床料流化良好的前提下，减小总风量。

4）在保证料层差压合理分布的前提下，保证炉膛差压，控制在设计范围内。

5）根据燃烧工况，合理控制风量配比，减小"多余"风量的送入。

6）煤、风调整应缓慢均匀，精心监视，减少炉内的扰动次数。

7）高负荷，在保证蒸汽参数前提下，控制外循环物料量。

8）根据排渣粒度情况定期置换换床料。

9）严格控制回料量及温度。

10）起、停炉时应按照规程严格执行，不得快起急停。

（2）检修维护方面：

检修维护质量的好坏关系到循环流化床锅炉连续运行周期，因此必需要加强检修质量和检查质量，要认真检查不得走过场，必须检查到每一处，严禁漏项，不怕查出问题，就怕查不到，应做到应修必修，修必修好。

1）检修平台的使用，检修平台能检查到炉膛内的每个角落和地方，是防止检查漏项的有效措施。

2）检修人员的技术水平和责任心是保证检修质量的前提，同时也是保证锅炉能否常周期运行的关键。

3）备品备件的选择也是保证锅炉常周期运行的关键。只有好的产品才能有好的检修质量，才能保证设备的安全运行。例如风帽、浇注料、销钉、焊接工艺、喷涂质量和工艺等。它们的质量都会影响锅炉的运行周期。

（3）目前对循环流化床锅炉受热面实施防磨的技术主要有以

下几种：

1）让管技术和凸台技术。

2）超声速电弧喷涂防磨技术。

3）"〈"形高铝高耐磨瓦防磨技术。

4）堆焊耐磨合金防磨技术。

5）耐火耐磨可塑料或浇注料技术。

6）防磨槽技术。

第五章

循环流化床锅炉检修与维护

第一节　循环流化床锅炉烘煮炉

611. 循环流化床锅炉烘炉的目的是什么？

答： 耐火防磨砖、耐火灰浆、耐火混凝土、保温材料及保温灰浆在施工后会存在大量的水分，通过一定阶段的不同升温条件下的加热、恒温烘烤，逐渐的除去耐火层、保温层中的水分，有效地保证锅炉正常运行时，不会由于升温速度过快大量的水分突然蒸发造成耐火材料的强度降低，影响耐火材料的使用寿命。同时后期的高温烘炉使得耐火材料陶瓷化，最大限度地达到耐火材料的性能，使其满足锅炉正常运行要求的物理、机械性能。

612. 循环流化床锅炉烘炉应具备什么条件？

答： 循环流化床锅炉烘炉应具备以下条件：

锅炉及其辅助设备全部组装和冷态试运转完毕，经过水压试验合格；各种电气、热工仪表和自动调节装置已安装就绪，有的已经调试，能够适应烘炉工作的需要；炉墙、烟道、风道全部完工，锅炉保温结束，炉墙各处门、孔均打开自然干燥一段时间，为烘炉工作创造了条件。各处的耐火、防磨、保温材料的养护时间已经达到了材料供应商所要求的自然养护期。

烘炉前，与正在运行的其他锅炉进行了隔绝，并清理炉膛、烟道和风道内部的杂物及积灰。向锅炉加入经过处理的软化水至水位表低水位，再按正常操作步骤冲洗水位表。检查省煤器内是否充满软化水。

制订了锅炉操作步骤，绘制了烘炉曲线。

613. 循环流化床锅炉采用什么方法烘炉？

答： 循环流化床锅炉烘炉的方法应根据现场的具体条件，采用火焰、热风或蒸汽进行。

614. 循环流化床锅炉为什么要分两个阶段烘炉？

答：（1）低温烘炉把耐火材料的游离水蒸发掉，并不是全部的水都能蒸发掉。这时一般都是用木材烘炉，时间为 10 到 15 天。这个阶段不用烘炉机，是因为用烘炉机的成本太高。用点火器烘炉更不行了，这个温度根本没法控制。

（2）低温烘炉完毕后，停火，对耐火材料检查是不是有材料脱落，哪里有不合适，需要修补的，修理一下。

（3）低温检查完毕后，高温烘炉，一般用烘炉机，不选择点火器，还是成本的考虑。这时候要严格控制升温速度，因为这时耐火材料要发生化学反应。

（4）高温完毕后，选择停炉检查，检查是不是有耐火材料脱落的，焊缝是不是还有没有满焊的地方，热电偶是否正常等。

以上工作看起来很麻烦，实际上是为了后面点火后保证运行周期。尽量使周期中间不停炉。当然也有一次性点火的情况，如果一次点火，运行时有毛病被迫停炉，就不只是浪费那一点柴油的事了，供暖或者发电耽误了，会造成很大麻烦。

615. 简述循环流化床锅炉的烘炉过程。

答： 准备工作完成后，把木材集中在床中，约占床面积的二分之一，点燃引燃物和木材后，采用小火烘烤。同时，将烟道挡板开启六分之一至五分之一，使烟气缓慢流动。保持炉膛负压在 5MPa～10MPa 之间，炉水温度 70℃～80℃。三天之后，可以添加少量的煤，逐渐取代木材烘烤。此时，烟道挡板开大到四分之一至三分之一，适当增加通风。在整个烘炉过程中火焰不应时断时续，温度必须缓慢升高，应保证烘炉均匀，尽量减少各部分温差，膨胀均匀，以免炉墙烘干后失去严密性。

如果炉墙特别潮湿，应让其自然干燥一段时间后再进行烘炉。烘炉时间与炉墙结构、干湿程度有关。

如果有条件，可采用将热烟气发生器的油枪暂时放在人孔门加热的火焰加热法。如果采用蒸汽烘炉，应用 0.29MPa～30MPa 的饱和蒸汽从水冷壁集箱的排污阀处连续均匀地送入锅炉逐渐加热炉水；锅炉水位保持正常，炉水温度一般应为 $90^\circ C$。开启炉墙上的各孔、门和挡板，以排除炉墙蒸发出来的湿气，并使炉墙各部均能烘干。

蒸汽烘炉后期可采用火焰烘炉。烘炉时，炉墙和各处浇注料不应出现裂纹和变形。在整个烘炉过程中，应用专用的记录表格对各部位的温度进行记录，并妥善保存。在对锅炉局部的耐火材料进行修补后，也应针对修补面积的大小考虑是否进行烘烤并制定相应烘烤方案。

616. 循环流化床锅炉烘炉的注意事项有哪些？

答：在烘炉过程中要按照烘炉曲线和要求进行升温，严格执行烘炉操作程序，注意升温速度不宜过快，尽量做到均匀升温，防止升温速度过快使炉墙开裂、变形。特别是采用高温旋风筒时，注意温升速率对耐火材料膨胀稳定性的问题。

烘炉过程中，应经常检查炉墙有无开裂、塌落现象，严格控制烘炉温度。需要进行干燥的炉墙，在烘炉前，要把炉墙上的所有门、孔打开，让其自然干燥。

烘炉过程中，要严格进行检查，及时调整火焰位置，防止炉墙局部部位升温过快。

烘炉时应注意烟气流动死区的问题。

617. 新锅炉投运前为什么要进行化学清洗？

答：在一台新锅炉投运以前，受压件的内表面包括省煤器，应该清洗以除去任何残留物质。另外，除清洗锅炉内表面外，还应清洗锅前系统以除去相同的物质，防止蒸汽品种恶化，以及避免受热面因结有很厚的水垢而影响传热和烧坏。

618. 锅炉化学清洗所用的清洗剂浓度一般为多少？

答：由于商用清洗剂浓度有变化（例如水稀释），应检查商家推荐的浓度。一般建议清洁剂浓度在环境温度下 $21^\circ C$ 时为 0.6％体积百分比（即每 167L 水加入 1L 清洁剂）。如果锅炉在 65.6℃以上清洗，建议清洗剂浓度为 0.3%体积百分比。

619. 循环流化床锅炉用低温、低泡沫清洁剂借助于临时外置循环泵强制循环进行化学清洗前，应做好哪些准备工作？

答：进行化学清洗前应做好以下准备工作：

（1）在汽包中的所有水/蒸汽分离装置已安装。

（2）提供一台容量适当的临时循环泵来循环炉膛中的溶液。此泵应该以炉膛下集箱和蒸发屏集箱底部作溶液抽吸点，溶液从省煤器进口集箱排出。泵到这些锅炉位置上的管道尺寸应匹配。所有连接到锅炉的高压管道和到循环泵的辅助管道，在最后连接到锅炉和泵之前，必须进行冲洗。为了防止溶液短路，汽包下降管应该封堵或加节流圈。

（3）为了减少外来物质从锅前系统带到锅炉，锅前系统也应进行相同的清洗。

（4）清洗期间，所有锅炉仪表导管（水位表接管除外）应进行隔绝。

（5）提供一根临时管道在低位集箱和/或循环泵吸入处与化学清洗喷嘴相连，这根管道用来引入清洗剂。

（6）提供一根有足够尺寸的临时或永久性疏水管道，能在 60min 内快速将水排出锅炉。连接到锅炉底部的永久性疏水阀和管道的大小，应满足通过双联阀和管道时假定 80%压降的要求，20%的压降通过临时管道排放。如果清洗剂能畅通无阻地排出，正常的锅炉疏水系统就能投用。

（7）应该提供带有阀门的取样接口，并应附有适当的标签。

（8）在清洗前，应尽最大可能将锅筒和集箱中的残渣进行机械清除。检查所有锅筒内部的螺栓密封部件。

（9）全部受压件必须进行仔细检查是否有堵塞并应进行必要的水压试验。锅筒内部的排污管和加药管应进行检查，并证实其内部是畅通和干净的。

（10）在清洗期间，值班的运行人员应熟悉正常的燃烧和运行程序以及预防措施，这一点是非常重要的。应特别注意采取防止泄漏的措施，并采取适当的措施，在意外泄漏事件发生时保护人身安全。

（11）用去盐水反充过热器，确保过热器充满以便于观察锅筒水位的增加。

620. 如何进行环境温度下清洗剂冲刷？

答：锅炉、蒸发屏和省煤器充水至水位计底部水位在可见范围。通过临时化学管道慢慢注入清洁液，再加入水直到水位高出锅筒中心线 5cm。一旦该水位建立，启动临时循环泵。监视锅筒放气阀且确认不起泡沫，加入所需的抗泡沫剂。倘若水位高而不可见，则需要进行排污。在另一方面，必须限制排污量以避免水位太低而不可见。清洁剂的化合性和表面活性能够用于清洗，且根据污染控制的需要可以改变配方。

锅水应定时取样，且应检测其油脂物质的存在和混浊度。为了监察控制的需要应定量检测油脂物质。

蒸发屏和省煤器用纯净的清洗水填充至玻璃水位计顶部。锅炉充满后，用除盐水通过集箱出口反充过热器直到水溢入锅筒。同前面那样，对锅炉、蒸发屏和省煤器进行疏水。

应对汽包内部进行一次检查，倘若检查表明其清洁度不能令人满意，则应重复进行清洗程序。

621. 进行锅炉化学清洗时应注意哪些问题？

答：进行锅炉化学清洗时应注意的问题包括：

（1）清洁液的排放不需要在充氮的条件下进行，氮是无毒气体，但是不利于人的呼吸。倘若锅炉在疏放时采用充氮，而在疏放后又需人员进入，则在允许人员进入以前，必须进行适当的通风。

（2）倘若清洗后锅炉保留一或二天以上空闲，则锅炉和过热器需要像保养程序所描述的那样进行保养。

（3）过热器反冲完成前，对所用的水进行化学分析（导电度、pH 和氯）以确认不存在污染。

（4）在清洗完成和锅炉点火前，过热器、再热器和蒸汽管路中的水应取样，分析检查是否污染。

（5）在化学清洗期间，由于疏忽使清洁剂溢入过热器，此时应在允许点火以前，必须以足够的流量进行彻底的反冲洗，以保证除去各种污染物。

（6）在化学处理过程中，应特别小心防止清洗液对人身的伤害。

（7）检查汽包，从汽包内表面除去疏松的沉积物。

（8）检查可打开的低位集箱和蒸发屏集箱，并用清洗水冲洗。

622. 锅炉进行煮炉的目的是什么?

答: 新安装的锅炉在制造、运输及安装过程中，不可避免地在锅炉受热面内产生锈垢或沾染油污及其他脏物。为清除锅炉受热面内壁油污及铁锈等杂质，确保汽轮机的安全运行和炉管内壁不继续腐蚀，在锅炉正式投运前必须进行煮炉。

623. 煮炉应具备什么条件?

答: 煮炉应具备的条件是:

（1）引风机试车运行良好;

（2）风、烟、汽、水系统各阀门调试验收合格;

（3）热水循环泵试车、调试、验收合格，除氧系统、给水系统已投入使用;

（4）锅炉本体、烟、风、汽、水管道保温已完成，疏水、排污管道已连通;

（5）锅炉本体、烟、风系统的烟、风压力表、温度表等必要的仪表安装完毕，已投入使用;

（6）就地水位计、饱和蒸汽、过热蒸汽、再热蒸汽压力表已投入使用;

（7）烟风管道设备完善，烟风管道压力试验合格;

（8）备足药品，确定加药方式;

（9）单机调试验收合格。

624. 煮炉应注意哪些事项?

答: 煮炉的注意事项:

（1）根据锅炉型号不同，使用不同的压力进行煮炉。

（2）根据锅炉容水量选择合适的煮炉药品数量。

（3）煮炉时要使用软化水，pH 值在 10～12 之间煮炉可使用的药品。

（4）磷酸三钠 0.5％，氢氧化钠 1％，烷基磺酸钠 0.05％。

625. 煮炉有哪些步骤？

答： 煮炉的步骤：

（1）往锅炉中加水一直到水位表最低可见边线。

（2）把准备好的煮炉药品混合配成 20％的溶液，然后加入锅炉。

（3）锅炉水位调至稍低于正常水位。

（4）锅炉点火运行。

（5）压力到 0.2MPa 时，检查所有管道、阀门等，加水至最高水位。

（6）压力到 0.4MPa 并保持 12～16h，期间定期排汽并及时补水，保持最高水位。

（7）升压到 2/3 工作压力并保压 24h。

（8）煮炉后期间断排污、上水，并保持水位。

（9）煮炉完后停止燃烧，采用排污、上水的方法降低压力及降低锅水碱度。

（10）待压力降到 0.3MPa，炉膛温度降到 200℃以下时迅速排掉所有锅水，并打开锅炉人孔、手孔，检查煮炉效果。

626. 煮炉使用什么药品？

答： 煮炉药品使用 $NaOH$ 和 Na_3PO_4，药品加入量根据锅炉锈蚀、油污情况而定。一般 $NaOH$：$3～5kg/m^3$，Na_3PO_4：$3～5kg/m^3$。

627. 煮炉的合格标准是什么？

答： 锅炉打开人孔后进行下列检查，符合下述要求即为合格：

（1）锅筒内壁无油污；

（2）擦去附着物，金属表面无锈斑。

628. 煮炉时应采取什么安全措施？

答：煮炉时应采取如下安全措施：

（1）煮炉前，有关人员必须学习清洗的安全和操作规程，熟悉药品的性能和操作方法；药品配制时，配制人员要注意安全，应配备有工作服、橡胶手套、胶鞋、防护眼镜等。

（2）操作地点应准备清水、急救药品和纱布；现场备有 2% 的硼酸溶液及洗手用具。

（3）煮炉工作应在化学人员监督下进行，锅炉排污和残余药液排放到业主指定的地沟，防止环境污染。

（4）煮炉操作必须按照余热锅炉正常的启炉程序进行，操作由经验丰富的运行人员担任，无关人员及不能熟练操作的人员禁止操作。

（5）汽包就地水位计处照明应良好。

（6）煮炉期间水位，应有专人负责监督，每小时记录一次水位情况，水位电视监视系统应投入使用，不得出现断水、缺水、满水现象，煮炉时要防止碱液进入过热器内。

（7）炉顶与集控室处设对讲机，以利联系。

（8）清洗现场必备有消防设备，消防水管路应保持畅通。

（9）当碱液溅入眼睛内或皮肤上时，立即用清水冲洗，再用 2% 硼酸溶液淋洗，立即送医院治疗。

第二节　循环流化床锅炉的检修

629. 发电机组检修分为哪几个等级？

答：根据机组检修规模和停用时间，发电企业机组的检修分为 A、B、C、D 四个等级。

630. 何谓 A 级检修？

答：A 级检修是指对发电机组进行全面的解体检查和修理，以保持、恢复或提高设备性能。国产机组 A 级检修一般 4～6 年进行一次，进口机组 A 级检修一般 6～8 年进行一次。

631. 何谓 B 级检修？

答：B 级检修是指针对机组某些设备存在的问题，对机组部分设备进行解体检查和修理，可根据机组设备状态评估结果，有针对性地实施部分 A 级检修项目或定期滚动检修项目。一般是 2～3 年进行一次。

632. 何谓 C 级检修？

答：C 级检修是指根据设备的磨损、老化规律，有重点地对机组进行检查、评估、修理、清扫。C 级检修可进行少量零件的更换、设备的消缺、调整、预防性试验等作业以及实施部分 A 级检修项目或定期滚动检修项目。一般一年进行一次。

633. 何谓 D 级检修？

答：D 级检修是指当机组总体运行状况良好，而对主要设备的附属系统和设备进行消缺。D 级检修除进行附属系统和设备的消缺外，还可根据设备状态的评估结果，安排部分 C 级检修项目。根据设备的运行情况安排 D 级检修。

634. 水冷壁 A 修一般检查哪些项目？

答：水冷壁 A 修检查的项目一般有：

（1）高温腐蚀检查：重点是燃烧器周围、折焰角区域、吹灰器吹扫范围和结焦严重、热负荷较高区域。选点进行测厚，对壁厚减薄 30% 的应更换。

（2）检查圈梁处水冷壁有无拉裂、严重变形等情况。

（3）冷灰斗区域水冷壁管外观检查：应无落焦碰伤及管壁磨损情况；必要时测厚。

（4）割管取样及更换的管子恢复焊缝应做 100% 射线检测。

635. 省煤器 A 修一般检查哪些项目？

答：省煤器 A 修检查的项目一般包括：

（1）以防磨检查为重点，检查管子磨损、过热、变形等情况。对有问题的进行测厚，壁厚减薄超过 30% 的进行更换。

（2）检修后新焊缝应做 100% 射线检测。

636. 过热器 A 修一般检查哪些项目?

答: 过热器 A 修检查的项目一般有:

(1) 宏观检查:管排应平整,间距应均匀,不存在烟气走廊;弯头应无磨损、腐蚀、氧化、变形、胀粗、鼓包等;过热器防磨板、阻流板接触良好,无变形、移位、脱焊等现象;定位管应无磨损、变形、管卡无烧坏,检查定位管与过热器管之间的碰磨情况;过热器管穿炉顶部分应无碰磨情况,与高冠密封结构焊接的密封焊缝应无裂纹、严重咬边等超标缺陷,必要时进行表面探伤;吹灰器射流区域包覆过热器管子表面应无明显磨损情况,必要时进行测厚。

(2) 高温过热器出口段管子蠕胀测量及壁厚测量。

(3) 对高温过热器和屏过奥氏体不锈钢下弯头做氧化皮堆积检测。

(4) 末级过热器出口割管 1 根,做金相和机械性能试验。

(5) 对检修后新焊口做 100% 射线检测。

637. 再热器 A 修一般检查哪些项目?

答: 再热器 A 修检查项目一般包括:

(1) 宏观检查:管排应平整,间距应均匀,无明显烟气走廊;高低温再热器迎流面及其下弯头无磨损、高温腐蚀、变形、鼓包等情况。下弯头定点抽测壁厚;再热器管夹、梳形板应无烧坏、移位、脱落情况;吹灰器射流区域部位管子应无明显吹损,必要时应进行测厚。

高温再热器磨损及高温氧化情况检查,重点检查向火面下弯头及直管处、吹灰器吹扫范围以及前几次检修换管以上部分,对氧化腐蚀严重的进行测厚,必要的进行更换。

(2) 测量高温再热器管子外径。

(3) 对高温再热器奥氏体不锈钢下弯头做氧化皮堆积检测。

(4) 末级再热器出口割管 1 根,做金相和机械性能试验。

(5) 对检修后新焊口做 100% 射线检测。

638. 主蒸汽管道 A 修一般检查哪些项目？

答：主蒸汽管道 A 修检查项目一般有：

（1）监视段：蠕胀测点全部测量。抽一点做金相、硬度；焊缝进行超声探伤 。

（2）弯头垂直管段：金相、硬度、壁厚、椭圆度测量，磁粉及超声探伤。

（3）焊口垂直管段：进行磁粉、硬度和超声波探伤。

（4）三通：进行磁粉、硬度、超声探伤（肩部重点）。

（5）更换弯头和直管焊口 100％硬度、超声探伤。

639. 再热热段蒸汽管道 A 修一般检查哪些项目？

答：再热热段蒸汽管道 A 修检查项目一般有：

（1）监视段：测点进行蠕胀测量；抽一点做金相，焊缝进行超声探伤。

（2）取两个弯头，4 个焊口，脱去保温进行金相、硬度、壁厚，椭圆度（测量弯头），磁粉及超声探伤。

（3）对与再热蒸汽管道相连接的排汽管道、旁路管道、疏放水管道进行测厚抽查，具体数量各班组根据设备运行情况而定。重点是弯头及有可能形成汽、水两相流的部位。一次门前弯头抽查 4 个进行测厚，管座抽查 4 个进行表面探伤检验。

（4）三通：进行磁粉、硬度、超声探伤（肩部重点）。

（5）更换弯头和直管焊口 100％硬度、超声探伤。

640. 主给水管道 A 修一般检查哪些项目？

答：主给水管道 A 修检查项目一般包括：

（1）弯头：进行壁厚、椭圆度测量，磁粉及超声探伤。

（2）焊口：进行磁粉、硬度和超声探伤。

641. 再热冷段蒸汽管道 A 修一般检查哪些项目？

答：再热冷段蒸汽管道 A 修检查项目一般包括：

（1）弯头：进行壁厚、椭圆度测量，磁粉及超声探伤。

（2）焊口：进行磁粉、硬度和超声探伤。

642. 联箱 A 修一般检查哪些项目?

答: 联箱 A 修检查的项目一般包括:

(1) 高温过热器出口联箱。

(2) 高温再热器出口联箱。

(3) 高温过热器高温再热器分配集箱各抽查 4。

(4) 过热器一、二级减温器联箱:封头焊口进行磁粉和超声探伤;联箱筒体金相、硬度检查。检查过热器一、二级减温器内部情况,用内窥镜检查内衬套及喷嘴是否有裂纹,喷口是否有磨损,内壁是否有腐蚀、裂纹等缺陷。(检查前做好标记,注意喷嘴不要装反);内套筒定位螺丝封口焊缝表面探伤。

(5) 并对上述联箱进行如下检验:

1) 宏观检查联箱与吊耳的焊缝无表面缺陷、联箱支座应接触良好,无杂物堵塞;

2) 检查筒体外壁氧化、腐蚀、胀粗情况;

3) 封头手孔盖应无严重氧化、腐蚀、胀粗情况;

4) 封头三通焊缝磁粉和超声波探伤:100%;

5) 焊缝和母材硬度检查。

(6) 新焊口做 100% 无损检测。

643. 排、旁、疏放管道 A 修一般检查哪些项目?

答: 排、旁、疏放管道 A 修检查项目一般有:

对主蒸汽、再热蒸汽管道、主给水管道相连的排、旁、疏放水管道进行测厚抽查;重点是弯头及有可能形成汽、水两相流的部位。一次门前弯头抽查 4 个测厚,管座抽查 4 个进行表面探伤检验。

644. 管系支吊架 A 修一般检查哪些项目?

答: 管系支吊架 A 修检查项目一般包括:

(1) 检查:主蒸汽管道、再热蒸汽管道、主给水管道、炉顶吊架。

(2) 调整:检查有问题时进行调整。

645. 安全阀校验 A 修一般检查哪些项目？

答：安全阀校验 A 修项目一般包括：锅炉安全阀在 A 修期间进行解体，机组启动后再进行热态在线校验。

646. 汽水分离器及贮水箱系统 A 修一般检查哪些项目？

答：汽水分离器及贮水箱系统 A 修检查项目一般有：

（1）各抽查 1 条封头环焊缝，磁粉探伤。

（2）分离器抽查 4 个管座角焊缝，磁粉和超声波探伤。

647. 水冷壁 B 修一般检查哪些项目？

答：水冷壁 B 修一般检查项目包括：

（1）外壁宏观：变形、磨损、胀粗、腐蚀等。

（2）冷灰斗处、吹灰器周围、燃烧器等部位管子外壁焦渣及积灰。

（3）过渡段联箱，过渡段四角检查。

648. 过热器 B 修一般检查哪些项目？

答：过热器 B 修一般检查项目包括：

（1）外壁宏观：变形、磨损、腐蚀、蠕胀等。

（2）割管检查、减温器联箱、对形成烟气走廊部位、调整管排间距。

649. 再热器 B 修一般检查哪些项目？

答：再热器 B 修一般检查项目包括：

（1）外壁宏观：变形、磨损、蠕胀等。

（2）防震隔板检查修复、防磨瓦及定位板对形成烟气走廊部位、调整管排间距。

650. 省煤器 B 修一般检查哪些项目？

答：省煤器 B 修一般检查项目包括：外壁宏观：腐蚀、变形、磨损、蠕变；防磨瓦检查、支吊架检查、烟气走廊部位检查。

651. 二次风挡板 B 级检修项目及工作内容包括哪些？

答：二次风挡板 B 级检修项目及工作内容包括：二次风箱挡板，再热器烟气调节挡板及传动机构、本体各人孔门、检查门、看火孔、本体范围内各吊梁、围梁及吊杆螺栓、炉顶，过渡段，二次风道，粉管支吊架、锅炉膨胀指示器、各风道、烟道膨胀节。

652. 吹灰器 B 级检修项目及工作内容包括哪些？

答：吹灰器 B 级检修项目及工作内容包括喷嘴、传动机、枪管等检查。

653. 锅炉汽包 B 修一般包括哪些项目？

答：锅炉汽包 B 修一般包括的项目有：

（1）水平度检查复核并做记录分析。

（2）内部清理。

（3）内部装置固定情况检查修理。

（4）水压试验及消缺。

654. 炉顶部分 B 修一般包括哪些项目？

答：炉顶部分 B 修项目一般包括：

（1）大罩壳内清灰。

（2）集箱和炉顶吊架检查修理。

（3）炉顶大罩壳检查修理。

（4）集箱及导气管上空气管、压力管、取样管管座焊缝检查修理。

655. 膨胀指示器 B 修项目一般包括哪些？

答：膨胀指示器 B 修项目一般包括：

（1）各膨胀指示器检查修理、校正。

（2）残缺不齐的指示器补齐完成。

656. 水冷壁 C 修一般检查哪些项目？

答：水冷壁 C 修一般检查项目包括：

（1）高温腐蚀检查：重点是燃烧器周围、折焰角区域、吹灰器吹扫范围和结焦严重、热负荷较高区域。选点进行测厚，对壁厚减薄 30% 的应更换。

（2）检查炉膛四角和圈梁处水冷壁有无拉裂、严重变形等情况。

（3）冷灰斗区域水冷壁管外观检查：应无落焦碰伤及管壁磨损情况，必要时测厚。

（4）割管取样及更换的管子恢复焊缝应做 100% 射线检测。

（5）中间集箱鳍片烧裂处，检查裂纹是否延伸到水冷壁管，有疑问时做表探检测。

657. 省煤器 C 修一般检查哪些项目？

答：省煤器 C 修一般检查项目包括：

（1）以防磨检查为重点，检查管子磨损、过热、变形等情况。对有问题的进行测厚，壁厚减薄超过 30% 的进行更换。

（2）更换焊口应做 100% 射线检测。

658. 过热器 C 修一般检查哪些项目？

答：过热器 C 修一般检查项目包括：

（1）宏观检查：管排应平整，间距应均匀，不存在烟气走廊；弯头应无磨损、腐蚀、氧化、变形、胀粗、鼓包等；过热器防磨板、阻流板接触良好，无变形、移位、脱焊等现象；定位管应无磨损、变形、管卡无烧坏，检查定位管与过热器管之间的碰磨情况；过热器管穿炉顶部分应无碰磨情况，与高冠密封结构焊接的密封焊缝应无裂纹、严重咬边等超标缺陷，必要时进行表面探伤；吹灰器射流区域包覆过热器管子表面应无明显磨损情况，必要时进行测厚，壁厚减薄超过 30% 的进行更换。

（2）对高温过热器和屏过奥氏体不锈钢下弯头做氧化皮堆积检测。

（3）对检修后新焊口做 100% 射线检测。

659. 再热器 C 修一般检查哪些项目？

答：再热器 C 修一般检查项目包括：

（1）宏观检查：管排应平整，间距应均匀，无明显烟气走廊；高低温再热器迎流面及其下弯头无磨损、高温腐蚀、变形、鼓包等情况。下弯头定点抽测壁厚；再热器管夹、梳形板应无烧坏、移位、脱落情况；吹灰器射流区域部位管子应无明显吹损，必要时应进行测厚。

高温再热器磨损及高温氧化情况检查，重点检查向火面下弯头及直管处、吹灰器吹扫范围以及前几次检修换管以上部分，对氧化腐蚀严重的进行测厚，必要的进行更换。

(2) 对高温再热器奥氏体不锈钢下弯头做氧化皮堆积检测。

(3) 对检修后新焊口做 100% 射线检测。

660. 排水、旁路、疏放管道 C 修一般检查哪些项目？

答：排水、旁路、疏放管道 C 修一般检查项目包括：

(1) 对主蒸汽、再热蒸汽管道、主给水管道和减温器相连的排、旁、疏放水管道进行测厚抽查；

(2) 主蒸汽疏水系统测厚，发现磨损严重时要考虑更换；

(3) 重点是弯头及有可能形成汽、水两相流的部位。

661. 管系支吊架 C 修一般检查哪些项目？

答：管系支吊架 C 修一般检查项目包括：

(1) 检查：主蒸汽管道、再热蒸汽管道、主给水管道、炉顶吊架。

(2) 调整：结合锅炉冷热态进行调整。

(3) 结合今年锅炉外检查出问题进行整改。

662. 主蒸汽管道、再热蒸汽管道 C 修一般检查哪些项目？

答：主蒸汽管道、再热蒸汽管道 C 修一般检查项目包括：取样管管座及温度压力表角焊口做表面探伤，管座做光谱鉴定。

663. 安全阀 C 修一般检查哪些项目？

答：安全阀 C 修一般检查项目包括：锅炉安全阀在停炉前进行在线热态校验。如发现渗漏等缺陷，在检修期间进行解体处理，对于处理好的安全阀在机组启动后再进行热态校验。

664. 锅炉定期检验的范围是如何规定的？

答：在役锅炉的定期检验主要包括以下内容：

(1) 汽包（水包）、内（外）置式汽水分离器；

(2) 集箱；

(3) 受热面；

（4）锅炉范围内管道、管件、阀门及附件；

（5）锅炉水循环泵；

（6）承重部件：大板梁、钢架、高强螺栓、吊杆。

665. 锅炉定期检验的分类和周期是如何规定的？

答： 锅炉定期检验分类和周期：

（1）外部检验：每年不少于一次。

（2）内部检验：结合每次 A 修进行，其检验内容列入锅炉年度 A 修计划，新投产锅炉运行一年后应进行首次内部检验。

（3）超压试验：一般两次 A 修进行一次；根据设备具体技术状况，经上级主管锅炉压力容器安全监督部门同意，可适当延长或缩短超压试验间隔时间；超压试验可结合 A 修进行，列入 A 修的特殊项目。

666. 锅炉在什么情况下应进行内外部检验和超压水压试验？

答： 遇有下列情况之一时，也应进行内外部检验和超压水压试验：

（1）停用一年以上的锅炉恢复运行时；

（2）锅炉改造、受压元件经重大修理或更换后，如水冷壁更换管数在 50% 以上，过热器、再热器、省煤器等部件成组更换及汽包进行了重大修理时；

（3）锅炉严重超压达 1.25 倍工作压力及以上时；

（4）锅炉严重缺水后受热面大面积变形时；

（5）根据运行情况，对设备安全可靠性有怀疑时。

667. 锅炉外部检验项目和质量要求是如何规定的？

答： （1）锅炉外部检验对锅炉房安全设施、承重件及悬吊装置的质量要求：

1）锅炉房零米层、运转层和控制室至少设有两个出口，门向外开。

2）汽水系统图齐全，符合实际，可准确查阅。

3）通道畅通，无杂物堆放。

4）控制室、值班室应有隔音层，安全阀、排气阀宜装有消声器。

5）照明设计符合原电力部电安生〔1994〕227号文及有关专业技术规程规定，灯具开关完好；事故控制电源和事故照明电源完好能随时投入运行。

6）地面平整，不积水，沟道畅通，盖板齐全。

7）孔洞周围有栏杆、护板，室内有防水、排水设施，照明充足。

8）楼梯、平台、通道、栏杆、护板完整，楼板应有明显的载荷限量标识。

9）承重结构无过热、腐蚀，承力正常；各悬吊点无变形、裂纹、卡涩，无歪斜，承力正常，方向符合设计规定；吊杆螺栓、螺帽无松动，吊杆表面无严重氧化腐蚀。

10）消防设施齐全、完好，应经验收合格。

11）电梯安全可靠，竖井各层的门有闭锁装置。

（2）锅炉外部检验对设备铭牌、管道阀门标记的要求：

1）锅炉铭牌内容齐全，挂放位置醒目；

2）阀门有开关方向标记和设备命名统一编号，重要阀门应有开度指示及限位装置；

3）管道色环完整，并有工质流向箭头。

（3）锅炉外部检验对炉墙、保温的质量要求：

1）炉墙、炉顶密封良好，无开裂、鼓凸、脱落、漏烟、漏灰，无异常振动；

2）炉墙、管道保温良好；当环境温度为25℃时，保温层的表面温度不大于50℃；

3）燃烧室及烟道、风道各门孔密封良好，无烧坏变形，耐火材料无脱落，膨胀节伸缩自如，无变形、开裂。

（4）锅炉外部检验对吹灰器要求运行正常，阀门严密，疏水良好。

（5）锅炉外部检验对锅炉膨胀方面的要求：

1）汽包、联箱等膨胀指示器装置完好，有定期检查膨胀量的记录；

2）各部件膨胀通畅，没有影响正常膨胀的阻碍物；

3）锅炉膨胀机构组件完好，无卡阻或损坏现象。

（6）锅炉外部检验对防爆门的质量要求：

1）燃烧室防爆门密封性能好，动作灵敏，无泄漏；

2）膜板防爆门无腐蚀及泄漏，镀锌铁板厚度不大于 1.2mm，中间应留有 0.1～0.2mm 深的划痕，或采取双 U 形搭接结构。

（7）锅炉外部检验对安全附件和保护装置的质量要求：

安全附件和保护装置的检验要求按《电站锅炉压力容器检验规程》（DL/T 647）的相关规定执行。

（8）锅炉外部检验对运行现场记录的要求：

1）燃烧工况稳定，检查运行或异常情况记录；

2）检查各受热面壁温记录，记录应包括超温数值、持续时间、累计时间；

3）各项运行参数及水汽品质应符合现场运行规程要求，并有主汽、再热汽超温情况专项记录，记录应包括超温数值、持续时间、累计时间。

（9）锅炉外部检验对其他有关方面的要求：

1）运行人员经过培训考试合格，持证上岗。

2）查阅近期反事故演习记录及事故预想记录；能严格执行各项规程，正确处理可能发生的事故。

668. 锅炉安全附件与保护装置检验范围包括哪些？

答：锅炉安全附件与保护装置检验范围包括：

（1）安全阀；

（2）压力测量装置、水位表、温度测量装置、炉膛火焰监视装置；

（3）保护装置。

669. 锅炉安全附件与保护装置检验分类包括哪些？

答：锅炉安全附件与保护装置检验分类包括：

（1）安装质量监检；

（2）运行检验；

（3）停机定期检验。

670. 运行检验对安全阀的要求有哪些？

答：运行检验对安全阀的要求是：

（1）有定期放气试验记录并按规定进行定期放气试验。正常运行时应无泄漏。

（2）有检修后校验记录，整定值符合规程规定。

（3）消声器排汽小孔无堵塞、积水、结冰。

（4）弹簧式安全阀防止随意拧动的装置完好、杠杆式安全阀限位装置齐全，脉冲式安全阀脉冲管保温完好，气室式安全阀的气源符合要求。

（5）不得解列安全阀或任意提高起座压力。

671. 运行检验对压力测量装置的要求有哪些？

答：运行检验对压力测量装置的要求有：

（1）压力表刻度盘有高低限位红线，量程符合规定；

（2）压力表有校验记录和铅封，并在有效期内；

（3）压力表内无泄漏，表面清晰，玻璃无碎裂；

（4）传压管及阀门无泄漏；

（5）就地压力表处照明充足；

（6）同一系统内相同位置的各压力表示值均应在允许误差范围内；

（7）炉膛压力测量系统应无漏风、堵塞，压力变送器校验合格，报警和保护定值经过校核符合锅炉运行情况。

672. 运行检验对水位表的要求有哪些？

答：运行检验对水位表的要求有：

（1）就地水位表连接正确，保温良好，汽水侧快关装置灵活，疏水管已安全引出；

（2）安全保护装置齐全，观察和操作时不致伤人；

（3）水位清晰，有高低水位标记；

（4）分段水位表无水位盲区；双色水位表汽水分界面清晰，无盲区；

（5）就地水位表支撑牢固，照明及事故照明良好；

（6）平衡容器及汽水侧阀门无泄漏，平衡容器保温正确；

（7）电接点水位表接点无泄漏，指示与就地水位表校对符合要求；

（8）远传水位表与就地水位表每天至少校对一次，有校对记录；

（9）电视监控水位，图像清晰；

（10）经压力修正后的三个变送器水位之间的误差符合要求并与实际水位一致。

673. 运行检验对温度测量装置的要求有哪些？

答：运行检验对温度测量装置的要求有：

（1）校验合格；

（2）运行正常，指示正确，测量同一温度的表计示值均应在允许误差范围内；

（3）螺纹固定的测温元件无泄漏。

674. 运行检验对保护装置的要求有哪些？

答：运行检验对保护装置的要求有：

（1）规定投入的保护装置和联锁装置运行正常，不得随意退出，锅炉炉膛压力、全炉膛灭火、汽包水位保护在机组运行中严禁退出；

（2）炉膛火焰工业电视运行良好、图像清晰，探测器可根据需要调节；

（3）炉膛火焰监测指示灯运行良好，能正确反映炉火状况；

（4）校验灯光、音响等报警信号系统正常；

（5）保护装置的"不间断电源"运行正常；

（6）检查保护装置和联锁装置是否发生过误动作；

（7）发生锅炉主燃料跳闸（MFT）动作，事故追忆、记录打印，均能明确事故第一原因；

（8）属保护系统内缺陷已查清并消除；

（9）定期进行保护定值的核实检查和保护的动作试验，在役的锅炉炉膛安全监视保护装置的动态试验（指在静态试验合格的基础上，通过调整锅炉运行工况达到 MFT 动作的现场整套炉膛安全监视保护系统的闭环试验）间隔不得超过 3 年。

675. 停机定期检验对安全阀的要求有哪些？

答：停机定期检验对安全阀的要求是：

（1）阀体、阀座、阀芯完好，表面无裂纹，密封面已修复；

（2）阀杆、阀芯无卡涩现象；

（3）弹簧式安全阀弹簧变形正常，无裂纹；

（4）杠杆式安全阀杠杆完好，刃口无裂纹，重锤限位装置调整方便，固定牢固；

（5）气室式安全阀无卡涩现象；

（6）排气管无过热变形现象，内壁腐蚀物已清理，支吊架受力正常，无锈蚀；

（7）消声器小孔无堵塞现象，与排气管对接的焊缝外观检查无裂纹等超标缺陷，支架牢固，无开裂现象；

（8）疏水管畅通，固定方式正确；

（9）校验起座、回座压力，测量起跳高度应符合有关技术标准规定；

（10）利用液压装置整定安全阀时，应对经整定最低起座压力的安全阀做一次实际起座复核。

676. 停机定期检验对压力测量装置的要求是什么？

答：停机定期检验对压力测量装置的要求是：

（1）校验合格，并贴校验合格证和铅封；

（2）炉顶罩壳内传压管无过热胀粗；

（3）传压管水压无泄漏，经冲洗，无阻塞；

（4）压力变送器经校验，量值正确；

（5）炉膛压力测量系统应无漏风、堵塞，压力变送器校验合格，报警和保护定值经过校核符合锅炉运行情况。

677. 停机定期检验对水位表的要求有哪些？

答：停机定期检验对水位表的要求有：

（1）水位表解体检修时，云母片〔板〕、玻璃管已调新，水压试验合格；

（2）汽水侧阀门、快关阀、自动闭锁珠已检修调整好，保护罩整修过；

（3）电接点水位表电极已调新，与就地水位表校对指示一致；

（4）平衡容器及接管座角焊缝外观检查无裂纹等超标缺陷；

（5）就地水位表汽水连通管保温良好，水位测量平衡容器保温正确；

（6）汽包两侧水位表水位经校验一致；

（7）通过核查汽包内水印并与运行时水位正常值比较的办法，确认实际水位测量方法的正确性。

678. 停机定期检验对温度测量装置的要求有哪些？

答：停机定期检验对温度测量装置的要求是：

（1）不合格的测温元件已更新。新测温元件有合格证、产品质量证明书。

（2）温度表校验合格。

679. 停机定期检验对保护装置的要求有哪些？

答：停机定期检验对保护装置的要求是：

（1）压力开关和继电器接点接触良好，其动作值校验正确；

（2）检验火焰探头能区分实际火焰和背景火焰信号的真伪性，已在燃烧器的实际投停情况下得到检测；

（3）开关量仪表的动作值正确、可靠，符合运行要求；

（4）电气设备信号机构提供的信号值正确无误，符合运行要求；

（5）用于保护的微机或可编程序控制器已静态调试合格；

（6）用于保护的"不间断"电源可靠，大修时应对不间断供电时间进行测试；

（7）联锁系统内各判据信号正确，逻辑元件的功能和时间元件的整定值符合运行要求；

（8）联锁系统进行分项和整套联动试验，动作正确可靠；

（9）音响、灯光、保护装置的动作和逻辑功能符合设计规定；

（10）分项保护装置和整套保护装置动作均正确可靠，无拒动、误动。

680. 锅炉工作压力水压试验有哪些要求？

答：锅炉工作压力水压试验有以下要求：

（1）水压试验应在锅炉承压部件检修完毕，汽包、联箱的孔门封闭严密，汽水管道及其阀门附件连接完好并具备条件，水压试验堵阀安装完毕，管道辅助起吊装置安装完毕。

（2）水压试验用水符合有关标准的规定，一般应采用除盐水或者软化水，对 Cr—Ni 奥氏体钢管应有防止应力腐蚀的措施，除盐水氯离子浓度应低于 0.2mg/L。水压试验结束后，应及时把水放净。水温应按制造厂的规定，一般为 30～70℃为宜。

（3）水压试验时，环境温度不能低于 5℃，如低于 5℃时，必须采取防冻措施。

（4）升压速度为 0.2～0.3MPa/min。

681. 锅炉工作应力水压试验的合格标准是什么？

答：锅炉工作应力水压试验的合格标准是：

（1）停止上水后（在给水门不内漏时）5min 应力下降值：主蒸汽系统不大于 0.5MPa，再热蒸汽系统不大于 0.25MPa。

（2）承压部件无漏水和湿润现象。

（3）承压部件无残余变形。

682. 锅炉超压水压试验应具备哪些条件？

答：锅炉超压水压试验应具备以下条件：

（1）锅炉工作压力下的水压试验合格；

（2）需要检查部位的保温已经拆除；

（3）不参加超压水压试验的部件已经解列，并对安全阀采取限动措施；

（4）防止超压的安全措施已经制定。

683. 锅炉超压水压试验的压力是多少？

答：锅炉超压水压试验的压力按制造厂的规定执行。制造厂没有规定时，按表 5-1 的规定执行。

表 5-1 锅炉超压水压试验压力

名　称	超压试验压力
汽包锅炉本体（不包括再热器）	1.15 倍锅炉汽包工作压力
直流锅炉本体（不包括再热器）	过热器出口工作压力的 1.25 倍且不得小于省煤器工作压力的 1.1 倍
再热器	1.5 倍再热器入口工作压力

684. 简述锅炉超压水压试验的要点。

答：锅炉在进行超压水压试验时，水压应缓慢地升降。当水压上升到工作压力时，应暂停升压，检查无渗漏或异常现象后，再升到超压试验压力，在超压试验压力下保持 20min，降到工作压力后，进行检查，检查期间压力应维持不变。超压水压试验的环境温度和水温与工作压力水压试验相同。

685. 锅炉超压水压试验的合格标准是什么？

答：锅炉超压水压试验的合格标准是：

（1）承压部件无漏水、湿润现象。

（2）承压部件无明显残余变形。

686. 汽包检修质量好坏，对锅炉的影响是什么？检修锅炉汽包壁时应注意哪些问题？

答：汽包检修质量不好会影响水循环、蒸汽品质、锅炉安全。因此检修汽包壁时应注意：

（1）彻底清除汽包壁、汽水分离器上的垢，清除沉积的垢，并认真检查有无垢下腐蚀；

（2）保证清洗板水平，防止清洗水层破坏，保证蒸汽品质；

（3）保证旋风分离器进口法兰结合面严密性，防止汽水混合物短路；

（4）严格避免杂物落入下降管，稳流栅安装正确；

（5）检查预焊件焊口；

（6）认真检查汽包的环纵焊缝、下降管座焊口、人孔加强圈焊口有无裂纹。

687. 怎样对水冷壁进行换管工作？

答：进行换管时，在割管前应把水冷壁下联箱抬高到安装时冷拉前的位置，联箱的标高和水平都要测量好，然后临时焊牢固定。割管前，除了标记管子顺序编号外，还得在预定的管子上、下口以外的管段上划出水平线。同一回路的管要在同标高上割管。如果在将要割下的筏面上有挂钩，应采取一定的补救措施，设法把没有挂钩的管段固定，然后再割去挂钩。割管前还应准备好吊管用的滑车和麻绳，割管的顺序是先割断上管口，用麻绳把管子拴好，再割下管口。被割下的管子要及时从入孔门等处运到炉外，对下部管口要盖好。对膜式水冷壁，虽然不存在拉钩问题，但割管前必须把管上的护墙部分割除，并将相邻管子的鳍片焊接部分割开，才能割下管子。

上下部管口的焊渣要清除掉，用坡口机加工好坡口，准备换上的管子也要加工好坡口，经过通球试验，然后用对口卡子进行对口，先对下口，找正后先点焊，后焊接。

同一回路的水冷壁管焊接完毕，可进行水冷壁拉、挂钩的恢复安装，接着调整管排的平整度，并撤掉联箱的支垫物和临时焊固点，并把下联箱的导向膨胀滑块恢复正常，同时要调整好联箱的膨胀指示器。

688. 水冷壁磨损的原因有哪些？采取什么措施？

答：水冷壁的磨损是由于灰粒、煤粉气流、漏风或吹灰器工作不正常时发生的冲刷及直流燃烧器切圆偏斜导致的。常采取在管子上易磨损的部位贴焊短钢筋，由于短钢筋和水冷壁接触良好，能得到较好的冷却，所以不易烧坏。

689. 如何检查水冷壁管的胀粗变形？

答：检查时可先用眼睛宏观观察，看有无胀大、隆起现象，对有异常的管子可用测量工具，如卡尺、样板来测量，胀粗超标及产生鼓包的管子做好记录；对弯曲变形的管子还要检查是否膨胀受阻或管子拉钩烧坏等，并做好记录。

690. 经长期运行的受热面管子判废条件是什么？

答：经长期运行的受热面管子判废条件是：

（1）碳钢管胀粗超过 3.5%，合金钢管超过 2.5%时；

（2）表面有可见裂纹，奥氏体钢有表面缺陷时；

（3）高温过热器表面氧化皮超过 0.6~0.7mm，且有较深的晶界氧化裂纹，裂纹深度超过 3~5 个晶粒者；

（4）管壁减薄超过有关规定时；

（5）常温机械性能降低到下限以下时；

（6）碳化物中合金元素增加，使金属耐热性能降低时。

691. 设备发生问题后，检修之前应弄清的问题是什么？

答：（1）损伤的原因是什么；

（2）是个别缺陷还是系统缺陷；

（3）若未发现缺陷造成进一步的损伤，是否会危及安全，即是否会造成人身事故或较大的设备事故。

692. 过热器检修施工方法有哪些？

答：过热器检修施工方法有：

（1）宏观检查各过热器是否有弯曲、鼓包、重皮、变色、碰伤、裂纹、腐蚀等情况。

（2）用标准卡规或游标卡尺按检修记录卡片指定的位置测量管径，检查管子磨损与胀粗情况，并做好记录。

（3）必要时包墙过热器，可配合金属监督进行测量检查。

（4）对弯曲超过标准的管子要进行校直，弯曲严重的管子，要进行更换。

（5）检查、调整、更换过热器，夹持、定位、吊挂均流板、防磨装置。

（6）检查焊口有无裂纹、咬边、砂眼等缺陷，必要时重新焊接，不得补焊。

693. 过热器联箱检查时应检查哪些地方？

答：过热器联箱检查时应检查：

（1）联箱、吊挂杆检查，吊挂杆完整无摇动、脱落。

（2）各联箱工艺孔、探伤孔温度测点、管座检查，应无泄漏、焊口无砂眼、气孔、咬边。

694. 水冷壁经常发生的缺陷有哪些？

答：水冷壁经常发生的缺陷是管子变形、管子附件烧坏或脱落、管子烧粗和磨损等。

695. 水冷壁发生弯曲变形的原因是什么？其修理方法是什么？

答：（1）水冷壁管子弯曲变形的主要原因：水冷壁管子弯曲变形的主要原因是正常的膨胀受到阻碍，于是促使管子弯曲变形；管子拉钩、挂钩烧坏而使管子向炉膛内突出而成为变形；运行中严重缺水使管子过热或管内结垢传热恶化使管子超温引起永久性变形等。

（2）修理方法。管子弯曲变形的修理方法大致分为炉内校直和炉外校直两种。如果管子弯曲值不大，为数又不多，可采用局部加热校直的方法，在炉内就地进行。对弯曲值较大，且处于冷灰斗斜坡处的管子，也可在炉内校直，其方法是一边将弯曲部分加热，一边用链条葫芦在垂直于管子轴线的方向上加拉力，使之校直。

如果弯曲缺陷的管子很多，其弯曲值又较大，就应把它们先割下来，拿到炉外校直，加工好坡口，再装回原位进行焊接。对所割的管段要进行编号，装回原位时要对号入座。如果有的弯曲变形的管子，属于超温变形，则一定同时伴有管子的胀粗，那就必须更换新管子。

割管时要注意：管段的位置应在距离弯曲起点 70mm 以上，而距水冷壁挂钩的边缘要在 150mm 以上。

696. 水冷壁管子烧粗和鼓包的原因是什么？如何检查？

答：（1）管子烧粗和鼓包的原因是：水冷壁管烧粗和鼓包，是由于局部管壁金属温度过高所致。鼓包一般多出现在热强度较高（如火焰中心上方和结焦处上方）且内壁有污垢的管子的向火面上。在背火面一般不鼓包，但烧粗是可能的。一些内壁很清洁的管子当其水循环有故障时，因局部过热而形成烧粗甚至爆管，也是常见的。

（2）检查方法。检查时可先用眼睛宏观检查，看有无胀大、隆起之处，对有异常的管子可用测量工具，如卡尺、样板来测量，胀粗超标的管子及鼓包的管子应更换，同时还要查胀粗的原因，并从根本上消除。

697. 什么情况下水冷壁需要换管？

答：当水冷壁蠕胀、磨损、腐蚀、外部损伤产生超标缺陷或运行中发生泄漏时，均需更换水冷壁管。

698. 简述水冷壁换管的方法。

答：在割管前，把水冷壁下集箱抬高到安装时冷拉前的位置，集箱的标高和水平都要测量好，然后临时焊牢固定。这样水冷壁管才不受拉而处于自由状态。

割管前，除了标记管子顺序编号外，还得在预定的管子上、下口以外的管段上画出水平线，以便在装回管子时，以此水平线为基准来决定装回去的每段管子的应有长度。同一回路的管子要在同一标高上割断。如果将要割下的管段上有挂钩，应采取一定的补救措施，设法把没有挂钩的管段固定，然后割去挂钩。割管前还应准备好吊管用的滑车和麻绳，割管的顺序是先割断上管口，用麻绳把管子拴牢，再割下管刀。当下管口快要割断时，应注意防止突然移位碰伤人。

被割下的管子要及时从人孔门等处运到炉外，对下部管口要盖好，避免落入杂物。对膜式水冷壁，虽然不存在拉钩问题，但割管前必须把管上的炉墙部分割除，并把相邻管子间的鳍片焊接部分割开，才能割下管子。

上下部管口的熔渣要清除掉，用坡口机加工好坡口。准备换上去的管子也要加工好坡口，经过通过球试验，然后用对口卡子进行对口。先对下口，后对上口，找正后先点焊，后焊接。

当同一回路水冷壁管焊接完毕，可进行水冷壁拉、挂钩的恢复安装，接着调整管排的平整度，并撤掉集箱的支垫物和临时固点，并把下集箱的导向膨胀滑块恢复正常，同时要调整好集箱的

循环流化床锅炉技术 1000 问

膨胀指示器。

第三节　循环流化床锅炉的维护

699. 一般性维护时对仪表和控制设备有什么要求？

答：仪表和控制设备应始终保持在最佳调整条件下工作。计划停炉时应按照需要，校验、修理和更换一次测量元件和控制系统。校验标签和记录应保留在所有的仪表上。对于锅炉就地的压力表、温度表和各种变送器也需要进行定期校验。

700. 在日常锅炉巡视期间应对哪些阀门进行检查？

答：在日常锅炉巡视期间，检查调节阀和隔离阀的泄漏、压盖泄漏和密封。

701. 对调节阀和隔离阀的阀杆有什么要求？

答：阀杆应每 6 个月加润滑油或按照制造厂的要求去做。

702. 每次锅炉启动前，应对布风板做哪些工作？

答：每次锅炉启动前，对布风板的压降进行测量。风帽小孔阻塞就可能造成空气流的不均匀分布和风箱压力提高。应将布风板风帽周围或布风板上的任何大颗粒物料清理干净。

703. 是否需要定期检查除灰系统和床料？

答：应定期检查除灰系统和床料。检查所有的系统部件。用超声波试验仪检查排渣管的厚度均匀性。应定期进行筛分试验以检查底部灰和床料的质量。

704. 运行和停炉期间，一般性维护方面应检查哪些项目？

答：运行和停炉期间，应检查所有的启动燃烧器。当这些启动燃烧器使用时，检查火焰的形状、大小和颜色。对燃油的火焰来说，潮湿的雾化蒸汽将产生一种黑色的外形。应定期地抽出启动燃烧器点火枪，检查和清扫喷嘴、点火器的尖端、火焰监测器和雾化器。

705. 锅炉停炉后，一般性维护方面应进行哪些部位检查？

答：锅炉停炉后，应对所有易出现磨损的地方进行检查，包括炉膛四周受热面、二次风口、炉内过热器管屏、炉内双面水冷屏、分离器进口、分离器内部、分离器出气中心管、顶棚、尾部包墙、省煤器、空气预热器的防磨套管等部位。对于磨损严重的部位，应立即采取防磨措施。对于冲刷脱落的防磨浇注料应视其情况进行修补，使得锅炉保持在良好的工作状态。

706. 每年停炉期间，一般性维护方面应进行哪些检查？

答：每年停炉期间，应对空气管道的清洁、泄漏和膨胀节、位移情况进行检查。

707. 在运行期间发现问题时，应如何处理？

答：在运行期间发现的问题要有明确的记录，能够处理的问题及时处理，如果暂时无法处理时，待停炉后再进行检修或者更换。

708. 在运行期间应对管道的哪些部位进行经常的检查？

答：应经常检查各个管道的结疤、污垢、腐蚀、泄漏、膨胀节位移和保温情况。

709. 简述汽包的维护。

答：对于闲置的锅炉应采取防潮保护措施。如果闲置的锅炉没有进行排水的话，在汽包中水位以上的区域应被从汽包上高位连接点处输入的氮气罩住或覆盖住。锅炉闲置期间，必须采取措施防止结冻。如果因气候或者其他条件不允许锅炉充水，应对锅炉进行排水和干燥，保持汽包内表面处于干燥状态。为了维持汽包中所要求的水分，对汽包内部进行定期检查，了解结垢、腐蚀和汽包内层的状况。

710. 在每次停炉期间，对水冷壁采用什么方法检查？

答：在每次停炉期间，对水冷壁进行检查。包括目检或用超声波试验仪器。必要时，进行水压试验。

711. 在每次停炉期间，对水冷壁进行检查的项目有哪些？

答：检查内容包括表面污垢、泄漏、在开口和穿墙处磨损、腐蚀等。

712. 在每次停炉期间，应重点检查哪些区域的磨损？

答：在每次停炉期间，应重点检查下列区域的磨损：

(1) 管道开口周围；

(2) 耐火材料与管道的交界处；

(3) 排管；

(4) 去旋风分离器的开口处；

(5) 翼形墙过热器管道的穿墙处。

713. 对于水冷壁磨损在什么情况下采取表面堆焊的方法对磨损区域进行修理？

答：磨损区域确定后，并且原来的基底材料至少还剩下 2mm 时，可采用表面堆焊的方法对磨损区域进行修理。

714. 停炉期间，对过热器应检查哪些项目？

答：在停炉期间除按水冷壁的内容进行检查外，还要对管束可能的变形或胀粗进行检查，检查翼形墙过热器管，特别是顶部和底部管，并检查管排是否整齐成排，对于泄漏和磨损的管子应更换。

715. 过热器检查记录包括哪些内容？

答：过热器检查记录包括数据、位置、检查状况和所做的维修情况。

716. 过热器检查记录有什么作用？

答：过热器检查记录便于统计不同区域的磨损数据，并与估计的磨损率相比较，以便在计划停炉之前能计划好未来的修理工作。

717. 简述循环流化床锅炉的表面堆焊。

答：一般地，循环流化床锅炉吸热表面的几个区域已经采用防磨损表面堆焊加以保护。表面堆焊的作用是在承压管束上提供一个保护屏蔽和一个牺牲磨损区域，必须不断地检查和表面堆焊。

在每次停炉期间或至少每年都应检查表面堆焊和其他管道表面。表面堆焊应采用坚硬的材料，防磨焊条的硬度应满足实践需要。

718. 简述炉膛的不均匀度。

答：水冷壁表面必须平滑。为了防止锅炉内的床料形成涡流而造成的磨损，必须除掉焊接点、毛刺。在循环流化床锅炉中，当床料的正常流向被改变时，炉膛就容易遭受磨损。

719. 简述管护罩的维护。

答：每年必须对炉膛内的受压管外护罩进行检查和维护。当管道的护罩正在损失、磨损或安装不恰当时，由于已损坏或磨损掉的护罩所造成的不均匀性，可能就加快了这个区域磨损情况的发生。

720. 简述管道和耐火材料交接处的维护。

答：在炉膛内所有区域中敏感度和耐火材料的交接处，被设计为既可保护管道又可防止管道腐蚀。对这些区域的检查和维修，对锅炉的寿命是非常重要的。

721. 耐火材料内衬检查的项目和要求有哪些?

答：(1) 清除所有耐火材料裂缝中的床料。

(2) 如果需要时，用空心钻在旋涡形目标区对耐火材料取样，以确定损失和内衬现存的厚度。

(3) 检查开口和穿墙外周围区域。

(4) 检查旋风分离器总的磨损和局部磨损，高温绝热部位的耐火材料允许磨损 25mm 以内，耐火材料的总磨损超过 10% 时应更换。检查平直度，允许非线性度小于等于 32mm。

(5) 检查膨胀节，锅炉冷态和热态的位移允许差约为 20mm 以内。

(6) 检查回灰管，其最大非线性度不小于 25mm，最大局部裂缝和磨损应小于 50mm。

(7) 检查回料器，最大局部裂缝和磨损应小于 25mm，在锅炉入口处磨损（凸出台）应小于 35mm。

（8）检查燃料给料点、壁或底板的磨损小于 50mm。

（9）其他区域，砖的位移应小于 25mm，局部裂缝或磨损应小于 50mm。

（10）耐火材料的寿命还受启动和停炉次数的影响。在耐火材料的裂缝中充满了床料，每次锅炉启动，床料阻碍裂缝的闭合，最终导致事故。

（11）耐火材料的寿命受升温速度的影响，温度上升太快会导致内外层之间温差太大，造成裂缝。

（12）停炉后，应关闭锅炉所有人孔门，待自然冷却一段时间后再打开，以免炉内温度下降过快。

（13）如果需要的话，锅炉运行每四年去掉和更换目标区域的铆钉砖和衬里，去掉和更换旋风分离器的顶盖上耐热面衬里。

722. 锅炉承压部件进行大修后是否需要进行水压试验？试验压力是多少？

答：锅炉承压部件大修后，需要做水压试验，水压试验压力按 1～1.5 倍的设计压力进行。

723. 锅炉运行期间，锅炉的碳钢在什么条件时停止腐蚀？

答：在锅炉运行期间，锅炉的碳钢和锅炉的除氧水之间发生化学反应，形成四氧化三铁锈层保护层，保护层一旦形成，腐蚀就停止。

724. 为何必须保持正确的锅炉给水和锅炉水质？

答：如果由于化学作用或者机械作用，对四氧化三铁锈层保护层产生破坏时，氧化反应就恢复。因此，必须保持正确的锅炉给水和锅炉水质。

725. 锅炉闲置期分为哪两类？

答：锅炉闲置期以两个星期为界，分为短期和长期两类。

726. 若锅炉停用时间超过一周，则锅炉采用什么方法进行保养？

答：若锅炉停用时间超过一周，则锅炉采用充氮法保养：

（1）锅炉停运后，当汽包压力降至 0.3MPa 时，开始向锅内充氮气，保持在 0.3～0.5MPa 的氮压条件下，开启疏放水门，利用氮压排尽炉水后，关闭各疏水门。

（2）全面检查锅炉汽、水系统，严密关闭各空气阀，疏放水阀，排污阀，给水、主汽管道及其疏水阀等，使整个充氮系统严密。

（3）在充氮保养期间，应保证汽包内氮气压力大于 0.03MPa（表压）氮气纯度大于 98％。

727. 锅炉停用时，进行承压部件检修或停用时间在一周内可采用何种保养方法？

答：锅炉停用时，进行承压部件检修或停用时间在一周内可采用热炉放水烘干保养方法：

（1）锅炉床层塌落后，关闭各风烟挡板和炉门，紧闭烟风系统。

（2）当汽包压力降至 0.5～0.8MPa 时，开启锅炉疏、放水门，尽快放尽锅内存水。

（3）当汽包压力降至 0.1～0.2MPa 时，全开本体空气门。

（4）当锅内水已基本放尽且床温已降至 120℃ 时，启动引风机，高压风机及一次风机、二次风机，投入两只启动燃烧器维持流化风和温度 220～330℃。用热风连续烘干 10～12h 后停止，封闭锅炉，当省煤器出口烟温降至 120℃ 以下时，关闭各本体空气门，疏放水门。

（5）烘干保养过程中，要求锅内空气相对湿度小于 70％ 或等于环境相对湿度。

728. 如停用时间在 2～3 天内可采用什么方法进行保养？

答：若停用时间在 2～3 天以内，可采用充压方法。

（1）停炉后自然降压（连排可暂不解列）。

（2）当锅炉压力降至 5.8MPa 时，联系化学分场化验水质，若水质不合格应进行换水，待炉水合格后，关闭定排一、二次门及总门，解列连排。

（3）锅炉压力在 0.5MPa 以前，炉水必须合格。

（4）当锅炉压力在 0.5MPa 以上，过热器管壁温度在 200℃以下时，可向炉内上水进行充压。

（5）防腐压力一般保持在 2.0MPa～3.0MPa，最高不超过 5.8MPa，最低不低于 0.5MPa。

（6）因某种原因压力降至 0.5MPa 以下（压力到零）时，必须重新点火升压至 4.0MPa 后，按上述规定重新充压。

（7）充压后做好记录，通知化学人员化验溶解氧。

729. 每次锅炉停炉冷却后，主要检查哪些部位的耐火材料？为什么？

答：每次锅炉停炉冷却后，必须检查耐火材料，如炉膛密相区、旋风分离器入口、出口以及回料腿的接缝，这些接缝必须清理干净，如果这些接缝不很好地维护，它们会被灰填满而限制它们的位移，可能造成耐火材料的损坏。

730. 为何耐火材料需要一定的时间加热烘干？

答：经过一段较长的空气干燥期，耐火材料的水分将减少。但是由于耐火砖和浇筑材料含有化学成分，水分的完全脱除只能靠控制加热来达到，因此需要一定的时间加热烘干。

731. 为何耐火材料预干燥的时间越长越好？

答：一般地，耐火材料预干燥的时间越长越好。如果耐火材料加热太快，外边的耐火材料将先干燥、收缩并与其余的耐火材料分离，产生裂缝。另外，随着急剧加热，耐火材料中会形成蒸汽，特别是在耐火材料厚的部位，将产生一定压力的蒸汽，以便渗出。

732. 为什么在干燥或固化过程中耐火材料干燥火焰的控制必须仔细？

答：耐火材料在干燥或固化过程中，水分的消失同时伴随着耐火材料的收缩。干燥火焰的控制必须仔细，启动燃烧器应能在控制温升速率的最低负荷下稳定燃烧，否则，可在现场安装临时燃烧器。点火以后保持最小的火焰，直至耐火砖和砌筑材料完全干燥。

733. 为什么耐火材料干燥过程中，应始终保持正确的锅炉汽包水位？

答： 因为过热器疏水阀及排气阀与汽包排气阀是开的，在干燥过程中必须注意水位。

734. 耐火材料干燥时，风机的挡板应如何调整？

答： 通常，耐火材料干燥过程与锅炉的煮炉一同进行。耐火材料干燥时，风机的挡板应调整到使整个锅炉温度分布在最均匀的位置上。

735. 在干燥或干燥——煮炉结束后，应对哪些部位进行检查？裂缝应如何处理？

答： 在干燥或干燥——煮炉结束后，应对各处的耐火材料、砖、浇注材料等部位进行检查，检查有无裂缝或过度的收缩，所有的裂缝应以优质耐火灰填充或修补。

736. 耐火材料干燥过程中，锅炉热回路系统内温度控制在多少度？对锅炉循环系统的监控，主要应注意什么问题？

答： 耐火材料干燥过程中，锅炉热回路系统内温度控制在 $370\sim$ $950℃$。对锅炉循环系统的监控，主要应注意耐火材料和物料循环对耐火材料的影响。

737. 锅炉升温和冷却的速度为何要充分考虑耐火材料上的应力？

答： 混凝土状的耐火材料在有温度变化时就会膨胀和收缩。耐火材料由焊接在被保护的金属内侧的抓钉固定，而外侧的轻型绝热耐火材料用于金属绝热。耐火材料和锚固系统因温度的变化所产生的应力会导致裂缝。这些裂缝在锅炉冷却时出现，温度降低裂缝扩展；当物料在回路内部循环时张开的裂缝充入物料。维修或停炉后，这些裂缝开始闭合。耐火材料受压力作用，在耐火材料表面上压力可能大于耐火材料的抗压强度，可能发生断开或脱落，或作用在锚固系统上的应力可能引起支承系统的故障。同时，由于耐火材料衬里的提起或顶起，与锚固系统分离，在耐火材料和金属表面产生一段空隙，导致空隙充满物料，因此升温和冷却的速度要充分考虑耐火材料上的应力，超过规定值将引起耐火材料的损坏，并将需要昂贵的维修费用去修复锅炉。

738. 为何水循环的安全性、锅炉承压部件的温度差不允许温度急速变化？

答：温升速率将使汽侧和水侧的承压部件产生应力，因此水循环的安全性、锅炉承压部件的温度差也不允许温度急速变化。

739. 如果启动燃烧器出现故障时，应如何检查？

答：如果启动燃烧器出现故障时，可按表 5-2 进行检查。

表 5-2　　　　　　　　启动燃烧器故障检查表

问　题	检　查
油枪点不着火	收缩式油枪的限位开关是否接触良好
	手动空气和燃料阀是否打开
	过滤器是否清洁
	点火器尖端是否堆积炭黑
	油启动燃烧器是否有雾化介质
	床压是否太高
	点火阀的位置是否正确
	风量是否设定正确
	阀门是否被关闭
	检查孔是否被堵塞
	点火器是否打火花
	用于正常操作的所有就地油压和雾化压力是否正确
	与油枪相连的油和雾化介质的就地截止阀是否打开
	油枪是否处在合适的位置
	如果火焰不稳定并趋向于熄灭，检查蒸汽——风转换阀
	火焰监测器是否在合适的位置或"被遮住"
油枪本身不能发出稳定的火焰	油枪雾化是否正常？配风是否充足？油压是否保持正常？检查床料是否太多

问 题	检 查
油枪产生带烟的火焰	检查油枪雾化是否正常？油枪出口油孔是否被堵？烟气发生器风门是否打开？油压是否正常
	燃料和蒸汽压力是否正确？油压太高或雾化压力太小都引起带烟的火焰
油枪产生"烟火"或"萤火"雨	油枪处的温度是否正确，即保持在油的黏度正常时所需的温度？冷的燃料油将不能进行很好地雾化
	油枪相对于雾化和咽喉管的位置是否正确
	油燃烧器的燃烧速率是否在额定的设计值以上
	油燃烧器的空气供给量，在正确流量条件下，是否处在自动位置
	如果仍然有问题，拆开油的喷射口和雾化器部件，检查油枪上是否有雾化部件被堵塞
	油的温度是否太低？冷的油不能得以良好的雾化并造成"烟火"
油的火焰中存在快速的脉动现象和脉动干扰声	油枪内湿润的冷凝蒸汽将造成极差的雾化效果，当火焰内产生烟雾情况时，水滴也将出现
	较高的雾化压力和温度可能造成"闪光"或油枪内的燃料气化
	较低的燃料压力和/或较低的燃料流量将进一步加剧气化问题
	非常低的燃烧速率和很多的过量空气将产生"倾斜"或不对称火焰
	拆除油嘴和雾化部件，检查能导致问题的堵塞或腐蚀的喷射口
油的火焰不对称	油枪位置和对中情况，油枪不对中能造成火焰偏斜

第六章

循环流化床锅炉事故及其分析处理

第一节　循环流化床锅炉运行事故

740. 在什么情况下必须紧急停炉？

答： 遇有下列情况之一必须紧急停炉：

(1) 锅炉严重缺水，水位在汽包水位计中消失时。

(2) 锅炉严重满水，水位超过汽包水位计上部可见水位时。

(3) 锅炉爆管，不能维持正常水位时。

(4) 燃料在燃烧室后的烟道内燃烧，使排烟温度不正常地升高时。

(5) 所有水位计损坏时。

(6) 锅炉汽水管道爆破威胁设备及人身安全时。

(7) 压力超出动作压力，安全门不动作，同时对空排汽无法打开时。

(8) 燃烧室结焦，一次返料结焦，无法正常工作时。

741. 在什么情况下须请示值长停炉？

答： 遇有下列情况须请示值长停炉：

(1) 水冷壁管、省煤器管、过热器管及减温器管泄漏时。

(2) 燃烧室内与烟气接触的汽包或联箱上的绝热材料脱落时。

(3) 炉墙裂缝且有倒塌危险或炉架横梁烧红时。

(4) 锅炉汽温或过热器壁温超过允许值，经调整和降低负荷仍未恢复正常时。

(5) 锅炉给水、炉水或蒸汽品质严重低于标准，经处理仍未恢复正常时。

742. 紧急停炉的程序是什么？

答： 紧急停炉的程序：

（1）立即停止给煤，停止二次风机、一次风机和引风机的运行。若汽水管道爆破，则引风机不停，关闭减温水及旁路门。

（2）因炉膛结焦而停炉，停炉后开启炉膛人孔门，观察结焦情况尽可能撬松渣块及时扒出炉外。

（3）根据水位情况保持给水门适当开度，维持正常水位。如满水、缺水或汽水管道爆破无法维持水位，立即停止向锅炉上水。

（4）关闭主汽门，单炉运行应通知汽机。

（5）炉内有缺陷需消除时，8h后将炉渣放尽，启动引风机强制冷却。若压力到零位才能检修，则加强上水、放水次数，但应得到厂级领导批准。若要把炉水放尽才能检修，则按正常消压。

743. 锅炉满水有什么现象？

答： 锅炉满水的现象有：

（1）水位报警器报警，高水位信号灯亮；

（2）电接点水位计指示灯正值全亮；

（3）汽包水位高于最高可见水位；

（4）给水流量不正常地大于蒸汽流量；

（5）蒸汽含盐量增大；

（6）过热汽温下降；

（7）严重满水时，蒸汽管道内发生水冲击，法兰处冒汽。

744. 锅炉满水的原因是什么？

答： 锅炉满水的原因有：

（1）给水自动失灵，给水调节装置失灵。

（2）水位计、蒸汽流量表、给水流量表指示不正确，使运行人员误判断而误操作。

（3）给水压力忽然升高。

（4）运行人员疏忽大意，对水位监视不够，调整不及时或误操作。

745. 锅炉满水应如何处理？

答：锅炉满水的处理：

（1）当锅炉汽压正常，给水压力正常，汽包水位超过＋75mm，经判断确属满水时，立即查明原因。

（2）若因给水自动失灵而影响水位时，立即改自动为手动，关小调整门减少给水。如水位继续升高，开启事故放水门放水。

（3）若汽包水位仍上升超过＋100mm关小或关闭给水门（停止给水时开省煤器再循环门），加强放水。

（4）根据汽温下降情况，关小或关闭减温水门，必要时开启过热器疏水门。

（5）如汽包水位超过水位计可见部分，立即停炉关闭主汽门并通知电气、汽机，加强放水至汽包正常水位。因给水压力异常引起水位升高时，立即与汽机联系，尽快恢复正常。

（6）故障消除后，尽快恢复锅炉机组运行。

746. 锅炉缺水有什么现象？

答：锅炉缺水的现象是：

（1）水位报警器报警，低水位信号灯亮。

（2）电接点水位计负值指示灯全亮。

（3）汽包水位低于最低可见水位。

（4）给水流量不正常地小于蒸汽流量。

（5）过热蒸汽温度升高。

747. 锅炉缺水是什么原因？

答：锅炉缺水的原因有：

（1）给水自动失灵。

（2）水位计、蒸汽流量表、给水流量表指示不正确，使运行人员误判断而误操作。

（3）锅炉负荷骤减。

（4）给水泵故障使给水压力下降。

（5）锅炉排污管、阀门泄漏，排污量过大。

（6）水冷壁或省煤器管破裂。

（7）运行人员疏忽大意，对水位监视不够，调整不及时或误操作。

748. 锅炉缺水如何处理？

答： 锅炉缺水的处理：

（1）当锅炉汽压、给水压力正常，而汽包水位低于 -75mm 时，验证水位计的正确性，若自动调节失灵，则改为手动并适当增加给水量。

（2）若水位继续下降到 -100mm 以下，除增加给水量外，检查排污门、放水门是否关严，必要时降低负荷。

（3）如汽包水位继续下降，且从汽包水位计中消失，须立即停炉，关闭主汽门，继续向锅炉上水。

（4）由于运行人员疏忽大意使水位从汽包水位计中消失，电接点水位计又无法判明时，立即停炉，关闭主汽门和给水门。停炉后进行叫水，如叫不出水，严禁向锅炉进水，经叫水后水位计中出现水位时，可增加锅炉进水，并注意恢复水位。

（5）如给水压力低引起水位下降，立即通知汽机提高给水压力。

749. 在什么情况下应立即停止锅炉上水？

答： 在汽包水位计中看不见水位，用电接点水位计也无法判明时，立即停炉并停止向锅炉上水。

750. 锅炉停炉后用什么方法查明水位？

答： 停炉后按下列方法查明水位：

（1）缓慢开启水位计的放水门，注意观察水位计中有水位出现时，表示轻微满水，按轻微满水处理。

（2）若看不见水位线下降，关闭汽门，关闭放水门，注意观察水位。水位计有水位出现表示轻微缺水，按轻微缺水处理。

（3）如仍不见水位线，关闭水门，再缓慢开启放水门，水位计中有水位线出现表示严重满水，无水位线出现表示严重缺水，此时按严重满水或严重缺水处理。

751. 汽包水位计损坏时应如何处理？

答： （1）汽包水位计损坏时，立即将损坏的水位计解列，关闭汽门、水门，开启放水门，用另一台水位计监视水位。

（2）当汽包水位计都损坏时，具备下列条件允许锅炉继续运行 2h。

①给水自动调节可靠；

②水位报警器良好；

③两只电接点水位计指示正确，并在 4h 内曾与汽包水位计校对过；

④采取紧急措施，尽快修复汽包水位计。

（3）保持锅炉负荷稳定。

（4）如给水自动不可靠，在汽包水位计全部损坏时，只允许根据可靠的电接点水位维持运行 30min。

752. 汽水共腾有什么现象？

答： 汽水共腾的现象是：

（1）汽包水位计剧烈波动，严重时水位计中看不清水位。

（2）过热蒸汽温度急剧下降，严重时蒸汽管道内发生水冲击，法兰冒汽。

（3）蒸汽和炉水含盐量增加，导电度升高。

753. 汽水共腾有什么特点？

答： 汽水共腾的特点是：

水位表水位剧烈波动，锅水起泡，蒸汽中大量带水，蒸汽温度下降，严重时管道内发生水冲击。

754. 发生汽水共腾的原因是什么？

答： 发生汽水共腾的原因有：

（1）炉水质量不合标准，悬浮物含盐量过大。

（2）未按规定进行排污。

（3）连排开度过小或未开。

（4）负荷大幅度增加。

（5）汽包水位保持过高。

755. 发生汽水共腾现象后应如何处理？

答：发生汽水共腾现象后应做如下处理：

（1）适当降低锅炉蒸发量并保持稳定。

（2）开足连续排污，必要时开启事故放水门及定排，加强进水放水，维持水位略低于正常值。

（3）停止加药。

（4）开启过热器疏水门，并通知汽机加强疏水。

（5）通知化验人员化验炉水，采取措施，改善水质。

（6）在炉水质量未改善前，不允许增加锅炉负荷。

（7）故障消除后，须冲洗水位计。

756. 发生水冷壁损坏有哪些现象？

答：发生水冷壁损坏会产生以下现象：

（1）汽包水位计水位迅速下降。

（2）给水流量不正常地大于蒸汽流量。

（3）轻微泄漏时，有蒸汽喷出的响声，严重时炉膛内有爆破声和蒸汽喷出，炉膛熄火。

（4）蒸汽压力、给水压力下降。

（5）排烟温度降低。

757. 发生水冷壁损坏的原因有哪些？

答：发生水冷壁损坏的原因有：

（1）锅炉给水质量不良，化学监督不严，未按规定排污，导致管内结垢腐蚀。

（2）检修安装时，管子被杂物堵塞，导致水循环不良，引起管子过热破裂。

（3）制造有缺陷，材质不合格，安装不当，焊接质量不良。

（4）锅炉严重缺水时操作不当。

（5）启停炉操作不当，造成局部管壁温度过高。

（6）水冷壁防磨层不良，严重磨损。

（7）管子膨胀不良，导致焊口裂纹。

758. 发生水冷壁损坏后应如何处理？

答：发生水冷壁损坏后应做以下处理：

（1）水冷壁管爆破，不能维持汽包水位时，立即停炉，汇报值长及有关领导，保持引风机运行。

（2）提高给水压力，增加给水量，维持汽包水位。

（3）如损坏严重，锅炉汽压迅速下降，给水量增加仍不能维持汽包水位时，停止给水。

（4）待炉内蒸汽排尽后，停止引风机。

（5）锅炉水冷壁损坏不大，能保持正常水位且不致很快扩大故障时，可适当降低锅炉蒸发量，同时汇报值长及有关领导，听候停炉通知，而故障继续加剧时（响声增大，漏水量增多，危及邻近管子时），必须立即停炉。

759. 发生省煤器管损坏时有哪些现象？

答：发生省煤器损坏时的现象有：

（1）给水流量不正常地大于蒸汽流量，严重时汽包水位下降。

（2）二级返料器返料不正常，严重时放灰管放不出灰，或有水放出。

（3）烟气阻力增大，吸风机电流增大。

（4）省煤器和空气预热器的烟气温度降低，两侧温差增大。

（5）省煤器烟道内有泄漏声。

760. 发生省煤器损坏的原因有哪些？

答：发生省煤器损坏的原因有：

（1）省煤器水温、流量变化大，受到严重的水冲击，再循环回路操作不当。

（2）给水质量不良，造成管壁腐蚀。

（3）飞灰磨损。

（4）省煤器管的材质、制造或焊接不良。

（5）管子被杂物堵塞，引起管子局部过热。

761. 发生省煤器损坏时应如何处理？

答：发生省煤器损坏时应进行如下处理：

（1）降低锅炉蒸发量，并尽快使备用炉投入或增加其他锅炉的蒸发量，汇报值长及主管领导，得到同意后方可停炉处理。

（2）如运行中不能维持正常水位，或破坏程度加剧，立即停炉，保持引风机运行，水蒸气排完后停止引风机。

（3）为维持汽包水位，可继续向锅炉进水，关闭所有放水门，严禁开启省煤器再循环门。

762. 发生过热器管损坏时有什么现象？

答： 发生过热器损坏时的现象有：

（1）蒸汽流量不正常地小于给水流量。

（2）损坏严重时，锅炉汽压急剧下降。

（3）锅炉出口负压偏正，严重时由不严密处向外喷汽。

（4）过热器后烟气温度低或两侧温差大。

（5）过热蒸汽温度发生变化，进口侧漏，蒸汽温度高；出口侧漏，蒸汽温度低。

（6）过热器泄漏处有响声。

763. 是什么原因使过热器管损坏？

答： 过热器管损坏的原因包括：

（1）化学监督不严，汽水分离器分离不好导致蒸汽品质不良，过热器管内结垢，引起管壁过热。

（2）点火升压中操作不当，过热器汽量不足，引起过热。

（3）平时运行温度过高，操作不当引起过热。

（4）减温水通水量过大，减温水管泄漏，在过热器中产生水塞，造成局部过热。

（5）过热器材质不符合标准，制造安装不良。

（6）过热器管被杂物堵塞。

（7）飞灰磨损严重，年久失修，管材蠕变。

764. 过热器管损坏后应如何处理？

答： 过热器管损坏后应进行以下处理：

（1）适当降低负荷，解列减温器。

（2）必要时开启过热器及主蒸汽管道上的疏水。

---

(3) 汇报主管领导及值长。

765. 发生减温器损坏的现象有哪些?
答：发生减温器损坏的现象有：
(1) 过热蒸汽温度下降，各导汽管之间的温差增大。
(2) 严重时蒸汽管道发生冲击，温度急剧下降。

766. 发生减温器损坏的原因有哪些?
答：发生减温器损坏的原因包括：
(1) 减温水量变化过大。
(2) 减温器结垢，存有缺陷，水管弯曲过大。
(3) 安装或检修不良。

767. 减温器损坏后应如何处理?
答：减温器损坏后应进行如下处理：
(1) 适当降低负荷，解列减温器。
(2) 必要时开启过热器及主蒸汽管道上的疏水门。
(3) 汇报主管领导及值长。

768. 蒸汽及给水管道损坏时有什么现象?
答：蒸汽及给水管道损坏时有下列现象：
(1) 管道发生轻微泄漏时，保温层潮湿、漏汽或滴水。
(2) 管道爆破时，发出明显响声并喷出水、汽。
(3) 蒸汽或水流量表变化异常，爆破部位在流量表前流量减小，在流量表后则流量增大。

769. 发生蒸汽及给水管道损坏的原因有哪些?
答：发生蒸汽及给水管道损坏的原因有：
(1) 管道安装不良，材质、制造或焊接达不到要求。
(2) 管子的支吊架安装不正确，影响管道自由膨胀。
(3) 给水质量不合格，造成管壁腐蚀。
(4) 给水系统运行不正常，压力波动大，造成水冲击或振动。
(5) 蒸汽管道暖管不充分，产生严重水冲击。

226

770. 给水管损坏时应如何处理？

答：给水管损坏时应做以下处理：

（1）能够保持正常给水时，可维持短时间运行，汇报值长及有关领导，待处理或停炉。如故障扩大不能维持正常水位，威胁设备和人身安全须立即停炉。

（2）给水管道爆破立即停炉。

771. 如何处理蒸汽管道破损事故？

答：蒸汽管道破损后应做以下处理：

（1）轻微泄漏可维持短时间运行时，汇报值长及主管领导，等候处理。

（2）泄漏严重或爆破时立即停炉。

（3）蒸汽母管爆破时立即与系统解列。

772. 锅炉管道发生水冲击时有何现象？

答：锅炉管道发生水冲击时有以下现象：

（1）发生水击的管道上压力表指示波动不稳，甚至损坏压力表。

（2）有水冲击响声，严重时管道振动、法兰冒汽。

773. 锅炉管道发生水冲击的原因是什么？

答：锅炉管道发生水冲击的原因是：

（1）给水压力及温度剧烈变化。

（2）给水管道逆止门或给水调整门动作不正常。

（3）给水充压时空气未排尽，给水流量过大。

（4）减温水量过小，使减温水汽化，给水温度过高汽化。

（5）冷炉进水温度过高或过快。

（6）管道暖管不充分，疏水未排尽。

（7）蒸汽温度过低或蒸汽带水。

774. 锅炉管道发生水冲击后应如何处理？

答：锅炉管道发生水冲击后应做以下处理：

（1）给水管道冲击时，关小或关闭给水门，冲击消失后缓慢开启。

(2) 给水门后的管道冲击时，可关小给水门，开启省煤器再循环门，消失后关闭。

(3) 减温器冲击时，减小负荷解列减温器，待消失后重新开启。

(4) 蒸汽管道水击时，关闭减温水，开启主蒸汽管道上的疏水门，通知汽机注意汽温，加强疏水。

775. 锅炉结焦有什么现象？

答： 锅炉结焦的现象有：

(1) 床温急剧升高并超过 1000℃以上。

(2) 氧量指示下降，甚至到零。

(3) 观察火焰时，流化不良，局部或大面积火焰呈白色。

(4) 出灰时灰量少或放不出。

(5) 严重时负压不断增大，一次风机电流下降。

776. 锅炉发生结焦有何原因？

答： 锅炉结焦的原因有：

(1) 点火升压过程中煤量加入过快过多或加煤未加风。

(2) 压火时操作不当。

(3) 一次风过小低于临界流化风量。

(4) 燃烧负荷过大，燃烧温度过高。

(5) 煤粒度过大或灰渣变形温度低。

(6) 放渣过多造成床料低或放尽。

(7) 返料器返料不正常或堵塞。

(8) 给煤机断煤，处理操作不当。

(9) 负荷增加过快，操作不当。

(10) 风帽损坏，灰渣掉入风室造成布风不均。

(11) 床温表不准或失灵，造成运行人员误判断。

(12) 床料太厚，没有及时排渣。

(13) 磁铁分离器分离不好，铁件进入炉内造成沸腾不好。

777. 锅炉结焦后如何处理？

答： (1) 立即停炉。

（2）放掉循环灰，尽量放掉炉室内炉渣。

（3）检查结焦情况。

（4）打开人孔门，尽可能撬松焦块及时扒出炉外。

（5）结焦不严重，焦块扒出炉外后，点火投入运行。

（6）结焦严重，无法热态消除，待冷却后处理。

778. 锅炉结焦如何预防？

答：（1）控制入炉煤粒度在 8mm 以下。

（2）点火过程中严格控制进煤量。

（3）升降负荷时，严格做到升负荷先加风后加煤，减负荷先减煤后减风。

（4）燃烧调节时要做到"少量多次"的调节方法，避免床温大起大落。

（5）经常检查给煤机的给煤情况，观察炉床火焰颜色，返料器是否正常。

（6）排渣时根据料层压差及时少放勤放，排渣结束后认真检查，确认排渣门关闭严密后，方可离开现场。

779. 锅炉熄火有什么现象？

答：锅炉熄火有以下现象：

（1）流化床温急剧下降，烟气温度下降。

（2）汽温汽压下降。

（3）燃烧室变暗看不见火焰。

（4）氧量指示大幅度上升。

780. 锅炉熄火有哪些原因？

答：锅炉熄火的原因有：

（1）给煤机故障或堵煤未及时发现，造成断煤时间过长。

（2）二级返料不正常，积灰过多，突然涌入炉内。

（3）煤质不好或煤质变化，调整不及时造成燃烧不良而熄火。

（4）风煤配比不当。

781. 锅炉熄火后应如何处理？

答：锅炉熄火后应做如下处理：

（1）若给煤机故障，则立即停炉，尽快处理重新点火。

（2）若返料不正常，则紧急放灰同时加大排灰量，此时严禁向锅炉进煤。

（3）严格控制蒸汽温度，关闭减温水，开启过热器疏水门。

782. 返料器堵塞有何现象？

答：返料器堵塞有以下现象：

（1）床温难以控制，稍增给煤，床温上升很快难以控制。

（2）汽压下降。

（3）炉膛上下部差压下降。

783. 返料器堵塞后应如何处理？

答：返料器堵塞后应做以下处理：

（1）加强放灰，尽可能使返料恢复畅通。

（2）堵塞严重无法处理时，汇报值长及主管领导，停炉压火。检查返料器，若有异物取出，将返料器中的灰全部放尽。

（3）处理好后，点火升压。

784. 排渣管堵塞是什么原因？

答：排渣管堵塞的原因有：

（1）启动锅炉前炉内有大的异物未清理干净。

（2）压火过程中有局部焦块未清理干净。

（3）炉内炉墙局部脱落。

（4）燃烧不良，渣的含碳量高，造成管内再燃烧结焦。

785. 排渣管堵塞后如何处理？

答：排渣管堵塞后应进行如下处理：

（1）降低负荷或空负荷维持运行。

（2）做好安全措施，在排渣下部用钢筋捅，尽量将管内的异物捅碎放出。

（3）如果短时间内处理不好，则停炉处理。

786. 给煤机发生故障有哪些原因？

答：给煤机发生故障的原因有：

（1）给煤机中混入较大的杂物卡住。

（2）联轴器销子折断。

（3）变频电机故障。

（4）电动机损坏。

787. 排渣管发生故障后应如何处理？

答： 排渣管发生故障后应进行如下处理：

（1）两台给煤机损坏时，停止该给煤机运行，加大另一台给煤机给煤量（在设计煤质情况下，一台给煤机可供满负荷）。

（2）若三台给煤机同时损坏，立即停炉压火。

（3）通知检修抢修，恢复正常后启动。

788. 发生烟道内可燃物的二次燃烧有什么现象？

答： 发生烟道内可燃物的二次燃烧有下列现象：

（1）排烟温度剧增。

（2）烟道及炉膛负压剧烈变化。

（3）一、二次风温升高并超过规定值。

（4）烟囱冒黑烟。

（5）风道不严密处有火星冒出。

（6）严重时，烟道防爆门动作。

789. 发生烟道内可燃物的二次燃烧是什么原因？

答： 发生烟道内可燃物二次燃烧的原因有：

（1）引风量过大，负压过大。

（2）返料器不正常，大量未燃尽的燃料带入烟道。

（3）分离器损坏，不能正常分离。

790. 发生烟道内可燃物二次燃烧如何处理？

答： 发生烟道内可燃物二次燃烧应做如下处理：

（1）发现烟温不正常地升高时，首先查明原因并校对仪表指示的正确性。

（2）加强燃烧调节，保持燃烧稳定。

（3）保持运行参数稳定。

（4）如烟温继续升高并超过 220℃时，立即停炉。

（5）关闭各孔门及挡板，严禁通风。

（6）当温度下降后，确认无火源时，可启动引风机通风 5～10min，把积灰抽尽，重新点火。

791. 骤减负荷有什么现象？

答：聚减负荷的现象是：

（1）锅炉汽压急剧上升。

（2）蒸汽流量骤减。

（3）汽包水位瞬时下降后升高。

（4）严重时安全门动作（过热器、汽包）。

（5）电气负荷突然减小。

792. 聚减负荷应如何处理？

答：聚减负荷应进行以下处理：

（1）立即开启排汽门排汽。

（2）相应降低煤量、风量，必要时停止给煤。

（3）将所有的自动改为手动。

（4）根据汽压、水位，调整风量、煤量和给水量。

（5）根据汽温情况，减少减温水量或关闭减温水，必要时开启过热器疏水门。

（6）安全门到规定值不动作或不回座，手动操作起座及回座。

793. 锅炉厂用电中断有什么现象？

答：锅炉厂用电中断的现象是：

（1）电动机跳闸，指示灯闪亮，事故报警器报警。

（2）热工仪表失电，指示失常。

（3）电压表、电流表指示回零。

（4）锅炉汽温、汽压、水位均急剧下降。

794. 锅炉厂用电中断后应如何处理？

答：锅炉厂用电中断后应进行以下处理：

（1）立即将电动机开关切向停止位置，按停炉处理。

（2）如全厂动力电源失去时，立即停止给煤，停炉压火，关闭主汽门、给水门，开启省煤器再循环门，关闭连排门，尽量保持水位。

（3）若给水泵有电源时，保持锅炉正常供水。

（4）若锅炉操作盘电源失去时，须有专人就地监视水位，保持锅炉正常供水。

（5）电源恢复后值长统一指挥，依次启动电机，防止同时启动。

（6）如电源失电时间较长，汽包水位计看不见水位时，必须先叫水，叫出水则可上水，叫不出水时严禁上水，放出全部床料待锅炉完全冷却后方可向锅炉进水。

795. 风机发生故障有何现象？

答：风机发生故障时的现象有：

（1）电流表指示摆动过大。

（2）风机入口或出口风压变化大。

（3）风机有冲击或摩擦等不正常声音。

（4）轴承温度过高。

（5）风机振动、串轴过大。

796. 风机发生故障的原因有哪些？

答：风机发生故障的原因有：

（1）风机叶片磨损、腐蚀或积灰造成转子不平衡。

（2）风机或电机的地脚螺栓松动。

（3）轴承润滑油质量不良，油量不足，造成轴承磨损。

（4）轴承转子等制造和检修质量不良。

797. 风机发生故障后应怎样处理？

答：风机发生故障后应进行以下处理：

（1）产生的振动、撞击摩擦不至于引起设备损坏时，可适当降低风机负荷，继续运行，随时检查风机的运行情况，查明故障原因，尽快消除，如故障加剧时，立即停止风机运行。

（2）轴承温度升高时，检查油量、油质、冷却水量，必要时增加冷却水量和添油、换油。经上述处理后，轴承温度仍继续升高，超过允许极限时，立即停止其运行。

（3）当电机发生故障修理后重新启动风机时，必须得到电气值班员的同意。

798. 风机遇到什么情况时应立即停止风机运行？

答：遇有下列情况立即停止风机运行：

（1）风机发生强烈振动，撞击和摩擦时。

（2）风机或电机轴承温度不正常地升高，经采取措施处理无效且超过允许极限时。

（3）电动机温度升高，超过允许值时。

（4）电气设备故障，须停止风机时。

（5）风机或电动机有严重缺陷，危及人身及设备安全时。

（6）发生火灾危及设备安全时。

（7）发生人身事故，须停止风机才能解救时。

799. 炉管发生爆炸时有什么现象？

答：炉管爆破时，有显著的爆破声、喷汽声，同时，水位和汽压明显下降。

800. 发生炉管爆破的原因有哪些？

答：发生炉管爆破的一般原因是：水质不良引起炉管结垢或腐蚀；缺水和爆管也可能互为因果；此外，由于设计缺陷、材料强度不足和焊接质量不好，均可能引起爆管事故。

801. 发生炉管爆破时应采取什么措施？

答：发现炉管爆破时，必须采取紧急停炉处理措施。

第二节 事故分类、报告与分析处理及应急

802. 循环流化床锅炉事故分为几类？

答：循环流化床锅炉事故分为特别重大事故、重大事故、较大事故和一般事故。

803. 何谓特别重大事故？

答：有下列情形之一的，为特别重大事故：

（1）事故造成 30 人以上死亡，或者 100 人以上重伤，或者 1 亿元以上直接经济损失的；

（2）600MW 以上锅炉爆炸的。

804. 何谓重大事故？

答：有下列情形之一的，为重大事故：

（1）事故造成 10 人以上 30 人以下死亡，或者 50 人以上 100 人以下重伤，或者 5000 万元以上 1 亿元以下直接经济损失的；

（2）600MW 以上锅炉因安全故障中断运行 240h 以上的。

805. 何谓较大事故？

答：有下列情形之一的，为较大事故：

（1）事故造成 3 人以上 10 人以下死亡，或者 10 人以上 50 人以下重伤，或者 1000 万元以上 5000 万元以下直接经济损失的；

（2）锅炉爆炸的。

806. 何谓一般事故？

答：事故造成 3 人以下死亡，或者 10 人以下重伤，或者 1 万元以上 1000 万元以下直接经济损失的。

807. 发生事故后应如何报告？

答：发生事故后应：

（1）发生事故后，事故现场有关人员应当立即向事故发生单位负责人报告；事故发生单位的负责人接到报告后，应当于 1h 内向事故发生地的县以上特种设备安全监督部门和有关部门报告。

情况紧急时，事故现场有关人员可以直接向事故发生地的县以上特种设备安全监督部门报告。

（2）接到事故报告的特种设备安全监督部门，应当尽快核实有关情况，依照《特种设备安全监察条例》的规定，立即向本级人民政府报告，并逐级报告上级特种设备安全监督部门直至国家特种设备安全监督部门。特种设备安全监督部门每级上报的时间不得超过 2h。必要时，可以越级上报事故情况。

对于特别重大事故、重大事故，由国家特种设备安全监督管

理部门报告国务院并通报国务院安全生产监督管理等有关部门。对较大事故、一般事故，由接到事故报告的特种设备安全监督部门及时通报同级有关部门。

对事故发生地与事故发生单位所在地不在同一行政区域的，事故发生地特种设备安全监督部门应当及时通知事故发生单位所在地特种设备安全监督部门。事故发生单位所在地特种设备安全监督部门应当做好事故调查处理的相关配合工作。

808. 报告事故的内容应包括哪些？

答： 报告事故应当包括以下内容：

（1）事故发生的时间、地点、单位概况以及特种设备种类；

（2）事故发生初步情况，包括事故简要经过、现场破坏情况、已经造成或者可能造成的伤亡和涉险人数、初步估计的直接经济损失、初步确定的事故等级、初步判断的事故原因；

（3）已经采取的措施；

（4）报告人姓名、联系电话；

（5）其他有必要报告的情况。

809. 报告事故后出现新情况的应如何处理？

答： 报告事故后出现新情况的，以及对事故情况尚未报告清楚的，应当及时逐级续报。

续报内容应当包括：事故发生单位详细情况、事故详细经过、设备失效形式和损坏程度、事故伤亡或者涉险人数变化情况、直接经济损失、防止发生次生灾害的应急处置措施和其他有必要报告的情况等。

自事故发生之日起 30 日内，事故伤亡人数发生变化的，有关单位应当在发生变化的当日及时补报或者续报。

810. 事故发生单位的负责人接到事故报告后应如何处理？

答： 事故发生单位的负责人接到事故报告后，应当立即启动事故应急预案，采取有效措施，组织抢救，防止事故扩大，减少人员伤亡和财产损失。

236

811. 发生事故后，事故发生单位及其人员应如何做？

答：发生事故后，事故发生单位及其人员应当妥善保护事故现场以及相关证据，及时收集、整理有关资料，为事故调查做好准备；必要时，应当对设备、场地、资料进行封存，由专人看管。

因抢救人员、防止事故扩大以及疏通交通等原因，需要移动事故现场物件的，负责移动的单位或者相关人员应当做出标志，绘制现场简图并做出书面记录，妥善保存现场重要痕迹、物证。有条件的，应当现场制作视听资料。

事故调查期间，任何单位和个人不得擅自移动事故相关设备，不得毁灭相关资料、伪造或者故意破坏事故现场。

812. 特别重大事故如何组织调查？

答：特别重大事故由国务院或者国务院授权的部门组织事故调查组进行调查。

813. 重大事故如何组织调查？

答：重大事故由国家特种设备安全监督管理部门会同有关部门组织事故调查组进行调查。

814. 较大事故如何组织调查？

答：较大事故由事故发生地省级特种设备安全监督部门会同省级有关部门组织事故调查组进行调查。

815. 一般事故如何组织调查？

答：一般事故由事故发生地设区的市级特种设备安全监督部门会同市级有关部门组织事故调查组进行调查。

816. 根据事故调查处理工作的需要，负责组织事故调查的特种设备安全监督部门是否可以依法提请事故发生地人民政府及有关部门派员参加事故调查？

答：根据事故调查处理工作的需要，负责组织事故调查的特种设备安全监督部门可以依法提请事故发生地人民政府及有关部门派员参加事故调查。

817. 事故调查组一般设哪些组织机构？其负责哪些调查工作？

答：根据事故的具体情况，事故调查组可以内设管理组、技术组、综合组，分别承担管理原因调查、技术原因调查、综合协调等工作。

818. 什么事故可以由特种设备安全监督部门单独调查？

答：对无重大社会影响、无人员伤亡、事故原因明晰的事故，事故调查工作可以按照有关规定适用简易程序；在负责事故调查的特种设备安全监督部门协商同级有关部门，并报同级政府批准后，由特种设备安全监督部门单独进行调查。

819. 事故现场调查的内容有哪些？

答：事故现场调查内容包括：

（1）故障发生的时间与部位，故障经过；

（2）爆口、碎后与主体的相对位置与尺寸；

（3）本体的损坏、变形情况与周围设备的损伤情况；

（4）目击者证词；

（5）运行人员对运行工况的口述记录；

（6）仪表、阀门、自动装置、保护装置、闭锁装置所处的状态与事故过程中的变化，特别是安全门的状态和动作情况；

（7）自动记录，运行记录及事故追记装置记录。

820. 故障部件的背景材料应收集哪些？

答：故障部件的背景材料应收集：

（1）制造安装单位的证明文件；

（2）设备的检修和检验记录；

（3）设备技术登录簿的登录；

（4）设备运行历史档案，包括有关的试验报告；

（5）设计图纸及设计变更资料；

（6）质量检验报告；

（7）控制、保护装置的功能与定值；

（8）使用说明与现场运行规程。

821. 观察、检查项目包括哪些？

答：观察、检查项目有：

（1）损坏部件的目测检验；

（2）针对设计图纸校对尺寸；

（3）断口宏观与扫描电镜检查；

（4）断口附近及非损坏区金相检查。

822. 测试项目包括哪些？

答：测试项目包括：

（1）无损探伤；

（2）化学成分分析（常规方法与局部成分分析）；

（3）机械性能测试包括硬度测量；

（4）断裂韧性测试；

（5）应力——强度寿命分析。

823. 试验或模拟试验项目有哪些？

答：试验或模拟试验项目包括：

（1）设备运行工况下部件工作状态的测试；

（2）故障机理的确定；

（3）在试验室按所确定的机理进行部件的模拟试验。

824. 事故（故障）分析的原则是什么？

答：事故发生后在事故调查时，一般讲应遵循以下原则：

（1）整体观念或称全过程原则。设备在使用中发生损坏，其每一部件都牵涉到设计、制造、安装、检修与使用各阶段，故障分析切忌孤立地对待个别部件，个别环节，否则问题往往得不到解决。例如德国产某高压锅炉省煤器吊管爆破，金相检验认为系材料超温过热，但锅炉运行中壁温实测及起动中烟温测量表明，该部分受热面不致发生超温过热，过热原因不能被证实。后来查明该省煤器在启动阶段有可能产生蒸汽，形成汽塞，随锅炉升负荷烟温升高而汽塞没有消失时，省煤器吊管便发生过热爆管。

（2）以规程为依据的原则。设备在设计时都有一定的安全系数，安装和制造工艺总会发生各方面的误差，运行中各参数也难免生产偏差,三种因素的不良组合常常是事故的原因,事故分析时必须以规程为依据来判别是非。例如炉膛结焦,它牵涉煤种、运行方式与燃烧设备的结构诸多因素。煤种在设计变化范围内,按设计规定的运行方式运行而发生结焦宜检查燃烧设备的问题;若燃用超过设计范围的低灰熔点煤种而结焦,追究设计责任一般是不合理的。虽然解决炉膛结焦问题存在改变煤种、改变燃烧设备结构或者改善运行等多种选择,但问题的性质还是应以规程、标准或设计说明为依据。

(3) 从现象到本质的原则。现象只是分析问题的入门向导,透过表面现象找到问题的本质后才能真正解决问题。例如焊口泄漏常常归结为焊接质量,甚至直接归罪于焊工水平。但问题往往难以解决。须知焊口泄漏,焊接缺陷的产生又可能与外力、坡口形式、焊接材料、热处理工艺、焊接工艺参数、焊工技术水平等诸因素有关。简单地归结为焊工素质不一定解决问题。某厂屏式过热器管座角焊缝泄漏,从焊接接头断口的宏观检查看,焊接质量确实存在一定缺陷,于是将故障原因归结为焊接质量不良,并决定全部管座重新施焊,可事后又连续发生管座焊口泄漏。最后查明是,该屏式过热器采用振动吹灰器,管屏上部为联箱所固定、中部为固结棍所固定。因此,在管屏对接时不可避免地存在焊接残余应力,运行中同一管屏各管壁温不可避免地存在温差,实质上是相对膨胀不畅,导致了焊口泄漏。取消固结棍后,该焊口泄漏问题得到了解决。

(4) 数量分析的原则。要正确判断故障的原因必须做数量分析,锅炉管道常见缺陷是重皮、划痕,这些缺陷的确不符合锅炉钢管技术条件。但仅仅这些缺陷是否必然引起爆管呢?要做数量分析。某厂车间屋顶塌落正值冬季,屋面积冰较多,荷重超过了设计规定。但计算结果表明实际负载还不足以导致屋面塌落。进一步调查发现屋架施工不良,在构架上随意切割而未补强使屋架刚度下降。通过计算查明了冰雪超载和施工不良是导致事故的双重原因,因此有针对性地采取两方面的措施,确保了安全。

825. **判别事故原因的具体方法有哪些?**

答: 判别事故原因的具体方法常有:

(1) 系统分析方法。该方法要求从总体上考虑事故是否与设计、制造、安装、使用、维护、修理各个环节以及各个环节涉及的材质、工艺、环境等因素有关、并据此深入调查测试(包括模拟或故障的再现试验),寻找事故的具体原因。应尽可能设想设备发生故障的所有因素,根据调查资料、检验结果、采取"消去法"把与事故无关的因素逐个排除,剩余问题细致研究,最终确定故障原因。

(2) 比较方法。选择一个没有发生事故而与事故系统类似的系统,一一对比,找出其中差异,发生事故原因。

(3) 历史对比方法。根据同样设备同样使用条件过去的故障资料和变化规律运用归纳法和演绎法推断故障原因。

(4) 反推法。根据设备损坏状况,主要是爆口、断口断裂机理的分析结果,确定事故的起因,并借此推断事故原因。这是经常用的方法。

826. **事故调查常用的检验(测)方法有哪些?**

答: 事故调查常用的检验(测)方法有:

(1) 直观检查;

(2) 低倍腐蚀检验;

(3) 显微断口检验;

(4) 金相检验;

(5) 超声波检验;

(6) 射线检验;

(7) 表面裂纹检验;

(8) 壁厚测量;

(9) 蠕胀测量;

(10) 化学分析;

(11) 机械性能试验。

827. **何谓直观检查? 它有何特点?**

答: 直观检查主要是凭借检查人员的感官对设备部件的内外表

面情况进行观测检查，看否存在缺陷。由于肉眼有特别大的景深又可以迅速检验较大的面积，对色泽、断裂纹理的走向和改变有十分敏锐的分辨力。因此直观检查可以较方便地发现表面的腐蚀坑或斑点、磨损深沟、凹陷、鼓包和金属表面的明显折叠、裂纹。

管道内表面可借助于窥视镜或内壁反光仪等。对肉眼检查有怀疑时可用放大镜做进一步观察。锤击检查也是直观检查的方法之一。

对断口的肉眼检查，可大致确定部件损坏的性质种类——韧性、脆性、疲劳、腐蚀、磨损和蠕变。观察断裂纹理的变化可以确定断裂源，断裂时的加载方式是拉裂、撕裂、压裂、扭断还是弯裂等，并可判断应力级别的相对大小。

直观检查方法比较简单，其效果在很大程度上取决于检查人员的经验和素质。对检查情况应尽量详细地做好记录，最好采用摄影、录像。

828. 何谓低倍酸蚀检验？

答：低倍酸蚀检验是指对故障部件表面进行加工、酸浸后，用显微镜作低倍数放大后观察。其特点是设备及操作简易，可在较大面积上发现与判别钢的低倍组织缺陷。

829. 低倍酸蚀检验可得到哪些信息？

答：低倍酸蚀检验可得到以下信息：

（1）钢材内部质量，发现偏折、疏松、夹杂、气孔等缺陷。

（2）发现铸、锻件表面缺陷，如夹砂、斑疤、折叠等。

（3）内裂纹，如白点（或称发裂）发纹、过烧等。

（4）焊接质量。

（5）可以发现研磨擦伤部位。

（6）可以区别钢材软硬不同部位所在。

830. 何谓显微断口检验？

答：显微断口检验是指利用光学显微镜、透射电子显微镜、扫描电子显微镜（目前显微镜断口分析主要用扫描电镜进行分析，即电子断口分析）对断口的形态特征，形成机制和影响因素进行分析的方法。

831. 电子断口分析能分析什么问题?

答: 电子断口分析除了作定性分析(如断裂方式,断裂机理)外,还能作断裂方面的定量工作。如韧性程序的判别、裂纹扩展的速度以及断裂历程的定量描述。

832. 判别塑性材料受力方向的依据是什么? 如何判别?

答: 塑性材料的显微断裂特征——韧窝是判别受力方向的依据。如果是无方向性的等轴韧窝,是受单轴拉伸,主力方向垂直于断口的结果。如果是鱼鳞状的拉长韧窝,一种是拉伸撕裂,两个相对断口上韧窝方向相同;另一种是剪切断裂,两个相对断口上韧窝方向相反。脆性断裂的电子断口相为穿晶解理的河流花样;沿晶的表现为冰糖花样。应力腐蚀开裂电子断口相有扇形或羽毛形花样,而氢脆断裂在电镜下观察多有鸡爪形的撕裂棱,或有细的凹坑,这两种是应力腐蚀开裂所没有的。

833. 请介绍金属以不同机制断裂时可能具有的显微断口形貌。

答: 一般讲,不同机制引起的断裂,其断口形态也是不同的,由于材料化学成分、热处理状态或介质的区别,相同断裂机制其显微形态也可能不尽相同,表 6-1 可供故障分析时参考。

表 6-1   金属以不同机制断裂时可能具有的显微断口形貌

机制 \ 断口形貌	穿 晶 断 口					沿 晶 断 口		
	塑坑	解理	准解理	平行条纹	其他	塑性	脆性	其他
过　载	√	√	√	△		√	√	
应力腐蚀	×			△	√	×	√	
高周疲劳	×	×	×	√		×	×	
低周疲劳	△	×	×	△	√	×	×	√
腐蚀疲劳	×	×		√		×		√
氢　脆	×		√	△		×	√	
高温蠕变	√	×				√	×	

注 √表示可能出现,×表示不大可能出现,△表示偶尔出现,空白表示不肯定。

834. 何谓金相检验？

金相检验包括光学显微镜或扫描电镜观察金相试样也包括就地无损金相检验。由于加工工艺（热处理、焊接及铸造）、材质缺陷（夹渣、偏析、白点等）和环境介质等因素造成的损坏，均可通过金相检验判别损坏原因。

835. 金相组织检验的内容主要有哪些？

答：显微组织检验的内容主要有晶粒的大小、组织形态、晶界的变化、夹杂物、疏松、裂纹、脱碳等缺陷。特别应注意晶界的检验，是否有析出相、腐蚀及变化、微孔等现象发生。

836. 为什么说金相组织检验容易判别裂纹的扩展路径的方式——穿晶型或沿晶型？

答：当检查裂纹时，往往能从裂纹尖端的试样得到有价值的情报，由于它受环境介质的影响较小，容易判别裂纹的扩展路径的方式——穿晶型或沿晶型。

837. 通过裂纹两侧氧化和脱碳情况的检查，是否可以判别裂纹发生的时机？

答：通过裂纹两侧氧化和脱碳情况的检查，可以判别表面裂纹产生于热处理前、热处理中还是在热处理后，是判别制造裂纹还是运行裂纹的重要依据。在分析电站锅炉受热面爆破原因时，取向火侧、背火侧（或远离爆口部位）试样作金相对比检验可以确定是材料局部缺陷（碳化物成片状），还是过热（碳化物球化）或两者都有问题。

838. 金相检验用于事故分析有何用处？

答：金相检验用于事故分析，可提供有用的结论。对于分析疲劳或应力腐蚀损伤裂纹长度和宽度的测量有利于判别故障原因。一般情况下应力腐蚀开裂的裂纹长度比开口宽度大几个数量级，成为判断应力腐蚀的一个主要判据。

通过金相检验可以判断焊接接头，热弯弯头在制造时所做的热处理工艺是否合适；分析裂纹不同深度的金相图可以找到与事故有关的重要线索。有些管材（如 13GrMo44 14MoV63，10CrMo910，

X20CrMo121）高温下持久断裂时的变形很少，不易觉察其胀粗，观察其金相组织的变化有利于判断其剩余寿命。

839. 超声波探伤主要用于发现哪些缺陷？

答： 超声波探伤通过探伤仪示波屏上显示的缺陷界面反射信号，判断缺陷所在的位置、数量、大小及性质。主要用于发现材料内部及管子、联箱内表面的裂纹，焊缝底部的未焊透、未熔合以及气孔、夹杂等宏观缺陷。超声波探伤法可以找到部件内壁的缺陷。

840. 超声波探伤很难发现什么样的缺陷？

答： 由于材料表面粗糙度及材料本身的不均匀性所引起的杂波，超声波探伤的灵敏度有一定的限度，小于 0.5mm 的缺陷，往往难以发现。

841. 超声波探伤发现缺陷的能力与什么因素有关？

答： 超声波检验发现缺陷的能力与探测者水平有关。对几何形状复杂的部件，如异形体、阀门等，其检验判断结论的正确性更取决于检验者的技能和经验。

842. 射线检验发现缺陷的能力与哪些因素有关？

答： 射线检验发现缺陷的能力与同一束射线所经过的路线有关，与材料的厚度有关，与射线的强度有关。一般透照厚度不超过 80~100mm。对管子的透照时如射源与底片都在管外，则射线必然透过两重管壁，呈椭圆形阴影。

843. 射线检验可以发现哪些缺陷？什么位置的缺陷不宜被发现？

答： 射线检验可发现气孔、夹渣以及与射线方向平行的裂纹。与射线方向垂直的裂纹不易被发现，在射线束以外的缺陷也不能发现。

844. 当前表面裂纹检验采用什么方法？

答： 当前对表面裂纹检验多采用液体渗透法和磁粉法。涡流探伤用于铜管和焊接（纵缝）的管材检验。

845. 液体渗透法（着色及荧光探伤）能确认何种缺陷？其准确性与什么因素有关？

答：液体渗透法仅适用于确认部件表面是否存在裂纹，以及裂纹长度的鉴别，它的准确性取决于部件表面的预处理、部件的温度及检查时的仔细程度。如果裂纹缝隙中填满了氧化物，用着色剂裂纹就往往显示不出来。不能检查裂纹深度。

846. 磁粉探伤法在何种材料上进行？有何特点？

答：磁粉探伤只能在导磁材料上进行。磁粉探伤法比着色法灵敏度高，速度快。在较强的磁场下磁粉探伤有可能探测在表面下 1～3mm 深处存在的裂纹，它并不一定是表面裂纹。不能检查裂纹深度。

847. 表面检验能发现什么缺陷？何种缺陷不能用表面检验方法？

答：焊缝及其热影响区的冷热裂纹，管子的蠕变裂纹可用表面检验发现。管内壁的表面裂纹如果无法见到或触及则不能用这种方法。

848. 请介绍射线、超声、磁粉、着色无损探伤方法发现缺陷能力。

答：射线、超声、磁粉、着色无损探伤方法发现缺陷能力的比较见表 6-2。

表 6-2　　　　　　　　缺陷形状和探伤方法对应表

缺　陷	平面状缺陷（裂纹未熔合未透焊）	球状缺陷（气孔）	圆柱状缺陷（夹渣）	线性表面缺陷（表面裂纹）	圆形表面缺陷（针孔）
射线探伤	△或×	○	○		
超声探伤	○	△	△		
磁粉探伤				○	△或×
着色探伤				○或△	○

注　○最适合；△良好；×困难。

849. 水冷壁管的垢下腐蚀坑及汽包钢板大面积夹层可以用什么仪器测量壁厚？

答： 水冷壁管的垢下腐蚀坑及汽包钢板大面积夹层可以用测厚仪检查。

850. 测量壁厚普遍采用什么方法？表面温度变化对测量准确性有何影响？

答： 采用超声波测量壁厚是较普遍的方法，在表面温度低于 100℃时采用数字式测厚仪，测量精度可达±0.1mm。温度升高，材料中声速发生变化，降低测量的准确性对探头正常工作不利。

851. 蠕胀测量可确定何种缺陷？通常用于什么地方？

答： 蠕胀测量可确定部件是否发生塑性变形。通常用于薄壁的过热、再热蒸汽管道（$\beta \leqslant 1.2$）管子原来存在的不圆度引起的补偿性蠕胀、弯头外弧侧壁厚减薄引起的局部蠕胀变形。

852. 在故障分析中为何要进行化学分析？

答： 在故障分析中，为了查明金属材料是否符合规定要求，必须进行化学成分分析（包括光谱分析）。

853. 钢材的化学分析要确定哪些元素？

答： 钢材的化学分析要确定碳及以下诸元素：①合金成分如锰、铬、钼、镍、钒等有意加入钢内的元素；②杂质如磷、硫；③脱氧元素如硅、铅等。在特殊情况下（例如体积较大的锻件）还要确定是否存在对材质纯洁度和焊接性能有影响的偏析现象。

在某些特殊的故障分析中，如腐蚀和应力腐蚀案例，对腐蚀表面沉积物、氧化物或腐蚀产物以及与被腐蚀材料接触的物质进行化学分析，重点检查钢材表面的含碳量以发现"脱碳"现象等，帮助人们确定故障原因。

854. 机械性能试验主要检查什么问题？

答： 机械性能试验主要检查损坏部件材料的常规强度与塑性

指标是否达到额定指标或是否符合设计要求。

855. 机械性能的检验项目如何确定？

答：检验项目随需要而定，例如对于脆性断裂部件经常检验的两个项目是：（a）宏观硬度测定；（b）韧性—脆性转折温度（NDTT）的检测。宏观硬度检验着重检查断口或裂源附近的硬度变化并与金相组织检查结果相结合来综合评定：（a）检验加工硬化或由于过热、脱碳等引起的软化；（b）评定热处理工艺；（c）提供钢材拉伸强度的近似值。

冲击试验除了评定材料塑性指标 a_k 值之外，还可进行转折温度测量，特别是脆裂发生在常温或低温状态时。

有时还需确定与损坏机理有关的其他性能试验如断裂韧性、疲劳强度、持久强度等。

此外，还有硫印试验、环行试样试验和塔型车削检验。

856. 如何确定重大危险源？

答：特种设备种类繁多，逐台编制预案显然不可能，也没有必要。关键在于确定重大危险源和便于确定应急救援预案，达到迅速控制事故发展，防止事故蔓延、扩大，使事故损失降到最低并迅速恢复生产的目的。

重大危险源的确认，首先应进行危险辨识和评价，即根据特种设备本身的设备状况、使用条件以及事故对设备、人员及周边环境的危害程度进行分析评估，然后依据《中华人民共和国特种设备安全法》《特种设备安全监察条例》《危险化学品安全管理条例》《关于重大危险源申报登记试点工作的指导意见》进行确认。经确认为重大危险源的设备即列为企业关键设备进行特别管理。

857. 应急救援预案编制应考虑或者注意哪些问题？

答：应急救援预案要根据重大危险源对周边人员、生产装置、环境、居民等的危害程度来进行编制，做到切合实际、简明扼要、概念清晰、容易理解、可操作性强，避免过于冗长、烦琐和不易执行而引起现场混乱等。

858. 编制应急预案的内容应包括哪些？

答：应急救援预案的内容应包括以下几个方面。

(1) 组织机构、人员相关职责和通信联系方式。企业的施救指挥中心由企业主要负责人任总指挥，负责全面指挥协调应急救援工作、组织指挥各应急机构开展施救行动、决定实施企业外的应急计划、下达或解除应急救援令、组织事故调查和事后生产恢复。总指挥应指定代理人，并层层负责，避免指挥中断。指挥中心下设各类救援队。总指挥、副总指挥及各救援队负责人的电话和手机号码等通信联系方式应予以公布。

(2) 应急救援程序。指挥中心接到事故报告后应就如何指挥救援工作，即如何应对发生的事故，有完整的计划程序，以免造成现场混乱。这是应急救援预案的中心内容。

(3) 救援力量、事故单位应做的工作。这一部分对救援队和事故单位的工作内容进行规范，应明确规定。如规定事故单位在发生事故后如何及时报警，并根据指挥部命令做好设备紧急停车、切断电源、准备夜间照明、引导救援队进入现场、采取防范措施引导疏散人员、引导搜救和转移受伤被困人员、解除救援令后配合现场清理、负责设备修复恢复生产工作。救援队则根据各自的职责确定救援工作内容，并按指挥部的命令开展救援工作。

(4) 救援装备、防护用品和救援力量集结地点。救援装备和人员防护用品是救援过程中必不可少的，在预案中应根据救援队的功能做出明确规定予以配备，并由各救护队进行管理维护，始终保持装备完好。各救援队的集结地点则根据公司内部环境，以通信联系方便、通道畅通、调动灵活、能迅速到达事故地点来确定。地点一旦确定，不得随意变更。

859. 应急预案编制完成后应如何进行培训和演练？

答：救援预案编制完成后，必须对所有有关人员进行培训，使其明确职责和责任。培训合格后进行现场演练，现场演练要尽可能达到实战要求，做到真实。通过演练让救援人员了解救援程序，掌握救援方法，同时了解如何保护自己和被救援者；树立职工的危机管理理念，培养应对处理事故的能力，增强事故防范意识；检验救援预案的可操作性，发现救援预案的不足和缺陷及时修正。演练应举行多次，使救援预案不断完善，成为真正对事故救援有效的规定性文件。

参 考 文 献

[1] 周宝欣，常焕俊. 循环流化床锅炉技术问答 [M]. 北京：中国电力出版社，2006.

[2] 吕俊复，张建胜，岳光溪. 循环流化床锅炉运行与检修 [M]. 北京：中国水利水电出版社，2003.